中等职业教育数字艺术类

边做边学
Photoshop+Illustrator
综合
实训教程

■ 马丹 姚磊磊 主编

■ 邓涛 程静 副主编

人民邮电出版社

北 京

图书在版编目（ＣＩＰ）数据

Photoshop+Illustrator综合实训教程 / 马丹，姚磊
磊主编. -- 北京 ：人民邮电出版社，2011.9（2019.2 重印）
（边做边学）
中等职业教育数字艺术类规划教材
ISBN 978-7-115-26036-9

Ⅰ. ①P… Ⅱ. ①马… ②姚… Ⅲ. ①图象处理软件，
Photoshop、Illustrator－中等专业学校－教材 Ⅳ.
①TP391.41

中国版本图书馆CIP数据核字(2011)第154278号

内 容 提 要

Photoshop 和 Illustrator 是当今流行的图像处理和矢量图形设计软件，广泛应用于平面设计、包装装潢、彩色出版等诸多领域。

本书根据中等职业学校教师和学生的实际需求，以平面设计的典型应用为主线，通过多个精彩实用的案例，全面细致地讲解如何利用 Photoshop 和 Illustrator 完成专业的平面设计项目，使学生能够在掌握软件功能和制作技巧的基础上，启发设计灵感，开拓设计思路，提高设计能力。本书配套光盘中包含了书中所有案例的素材及效果文件，以利于教师授课，学生练习。

本书可作为中等职业学校平面设计、动漫、数字媒体等相关专业的教材，也可以供 Photoshop 和 Illustrator 的初学者及有一定平面设计经验的读者参考，同时可作为社会培训用书。

◆ 主　编　马　丹　姚磊磊
　　副主编　邓　涛　程　静
　　责任编辑　王　平

◆ 人民邮电出版社出版发行　　北京市丰台区成寿寺路 11 号
　　邮编　100164　　电子邮件　315@ptpress.com.cn
　　网址　http://www.ptpress.com.cn
　　北京捷迅佳彩印刷有限公司印刷

◆ 开本：787×1092　1/16
　　印张：15.25　　　　　　　　2011 年 9 月第 1 版
　　字数：396 千字　　　　　　　2019 年 2 月北京第 3 次印刷
　　　　　　　ISBN 978-7-115-26036-9

定价：34.00 元（附光盘）
读者服务热线：(010)81055256 印装质量热线：(010)81055316
反盗版热线：(010)81055315
广告经营许可证：京东工商广登字 20170147 号

前 言

Photoshop 和 Illustrator 自推出之日起就深受平面设计人员的喜爱,是当今最流行的图像处理和矢量图形设计软件之一。Photoshop 和 Illustrator 被广泛应用于平面设计、包装装潢、彩色出版等诸多领域。在实际的平面设计和制作工作中,很少用单一软件来完成工作,要想出色地完成一件平面设计作品,须利用不同软件各自的优势,再将其巧妙地结合使用。

本书共分为 11 章,分别详细讲解了平面设计的基础知识、标志设计、卡片设计、书籍装帧设计、唱片封面设计、宣传单设计、广告设计、宣传册设计、招贴设计、杂志设计和包装设计等内容。

本书利用来自专业的平面设计公司的商业案例,详细地讲解了运用 Photoshop 和 Illustrator 制作这些案例的流程和技法,并在此过程中融入实践经验以及相关知识,努力做到操作步骤清晰准确,使学生能够在掌握软件功能和制作技巧的基础上,启发设计灵感,开拓设计思路,提高设计能力。

本书配套光盘中包含了书中所有案例的素材及效果文件。另外,为方便教师教学,本书配备了详尽的课堂实战演练和综合演练的操作步骤文稿、PPT 课件、教学大纲以及附送的商业实训案例文件等丰富的教学资源,任课教师可登录人民邮电出版社教学服务与资源网(www.ptpedu.com.cn)免费下载使用。本书的参考学时为 56 学时,各章的参考学时参见下面的学时分配表。

章　　节	课 程 内 容	学 时 分 配
第 1 章	平面设计的基础知识	4
第 2 章	标志设计	4
第 3 章	卡片设计	4
第 4 章	书籍装帧设计	6
第 5 章	唱片封面设计	4
第 6 章	宣传单设计	4
第 7 章	广告设计	4
第 8 章	宣传册设计	6
第 9 章	招贴设计	4
第 10 章	杂志设计	8
第 11 章	包装设计	8
学 时 总 计		56

本书由马丹、姚磊磊任主编,邓涛、程静任副主编,参与本书编写工作的还有周建国、吕娜、葛润平、陈东生、周世宾、刘尧、周亚宁、张敏娜、王世宏、孟庆岩、谢立群、黄小龙、高宏、尹国勤、崔桂青、张文达、张丽丽等。

由于时间仓促,加之编者水平有限,书中难免存在错误和不妥之处,敬请广大读者批评指正。

编　者

2011 年 9 月

目　　录

第1章 平面设计的基础知识

本章主要介绍平面设计的基础知识，其中包括位图和矢量图、分辨率、图像的色彩模式和文件格式、页面设置、图片大小、出血、文字转换、印前检查、小样等内容。通过本章的学习，可以快速掌握平面设计的基本概念和基础知识，有助于更好地开始平面设计的学习和实践。

 课堂学习目标

- 图像的转换
- 图像的设计与输出

1.1 图像转换

1.1.1 【操作目的】

通过文档栅格效果设置命令了解位图和矢量图的区别。使用导出命令了解分辨率、色彩模式和文件格式的设置方法。

1.1.2 【操作步骤】

步骤 1 按<Ctrl>+<O>组合键，弹出"打开"对话框，选择光盘中的"Ch01 > 素材 > 图像转换 > 01"文件，单击"打开"按钮，在页面中打开素材，如图 1-1 所示。选择"选择"工具，用圈选的方法将图像选取。选择"效果 > 文档栅格效果设置"命令，在弹出的对话框中进行设置，如图 1-2 所示，单击"确定"按钮，栅格文档效果如图 1-3 所示。

图 1-1

图 1-2

图 1-3

步骤 2 取消图形的选取状态。选择"文件 > 导出"命令，弹出"导出"对话框，如图 1-4 所示，将"文件名"设为"时尚人物插画"，"保存类型"设为"PSD"格式，单击"保存"按钮，弹出"Photoshop 导出选项"对话框，将"分辨率"设为 300，"颜色模型"设为"RGB"，其他选项的设置如图 1-5 所示，单击"确定"按钮，将图片导出。在 Photoshop 中打开图像，选择"图像 > 裁切"命令，裁切图像，如图 1-6 所示。

图 1-4　　　　　　　　　　图 1-5　　　　　　　　　　图 1-6

1.1.3　【相关知识】

1. 位图和矢量图

图像文件可以分为两大类：位图图像和矢量图像。在处理图像或绘图过程中，这两种类型的图像可以相互交叉使用。

◎ **位图**

位图图像也称为点阵图像，它是由许多单独的小方块组成的，这些小方块又称为像素点，每个像素点都有特定的位置和颜色值，位图图像的显示效果与像素点是紧密联系在一起的，不同排列和着色的像素点一起组成一幅色彩丰富的图像。像素点越多，图像的分辨率越高，相应地，图像的文件也会越大。

图像的原始效果如图 1-7 所示，使用"放大"工具放大后，可以清晰地看到像素的小方块形状与不同的颜色，如图 1-8 所示。

图 1-7　　　　　　　　　　　　图 1-8

位图与分辨率有关，如果在屏幕上以较大的倍数放大显示图像或以低于创建时的分辨率打印图像，图像就会出现锯齿状的边缘，并且会丢失细节。

◎ **矢量图**

矢量图也称为向量图，它是一种基于图形的几何特性来描述的图像。矢量图中的各种图形元素称为对象，每一个对象都是独立的个体，都具有大小、颜色、形状、轮廓等特性。

矢量图与分辨率无关，可以将它缩放到任意大小，其清晰度不变，也不会出现锯齿状的边缘，在任何分辨率下显示或打印都不会丢失细节。图形的原始效果如图 1-9 所示，使用"放大"工具放大后，其清晰度不变，效果如图 1-10 所示。

图 1-9   图 1-10

矢量图的文件较小，但这种图形的缺点是不易制作色调丰富的图像，而且绘制出来的图形无法像位图那样精确地描绘各种绚丽的景象。

2. 分辨率

分辨率是用于描述图像文件信息的术语。分辨率分为图像分辨率、屏幕分辨率和输出分辨率。下面分别进行介绍。

◎ **图像分辨率**

在 Photoshop CS3 中，图像中每单位长度上的像素数目称为图像的分辨率，其单位为像素/英寸或像素/厘米。

在相同尺寸的两幅图像中，高分辨率的图像比低分辨率的图像包含的像素多。例如，一幅尺寸为 1 英寸×1 英寸的图像，其分辨率为 72 像素/英寸，这幅图像包含 5184 个像素（72×72＝5184）。同样尺寸的图像，分辨率为 300 像素/英寸，这幅图像包含 90000 个像素。相同尺寸下，分辨率为 300 像素/英寸的图像效果如图 1-11 所示，分辨率为 72 像素/英寸的图像效果如图 1-12 所示。由此可见，在相同尺寸下，高分辨率的图像能更清晰地表现图像内容。

图 1-11   图 1-12

提　示 如果一幅图像所包含的像素是固定的，增加图像尺寸后，会降低图像的分辨率。

◎ **屏幕分辨率**

屏幕分辨率是显示器上每单位长度显示的像素数目。屏幕分辨率取决于显示器大小和其像素设置。PC 显示器的分辨率一般约为 96 像素/英寸，Mac 显示器的分辨率一般约为 72 像素/英寸。在 Photoshop CS3 中，图像像素被直接转换成显示器像素，当图像分辨率高于显示器分辨率时，屏幕中显示的图像比实际尺寸大。

◎ **输出分辨率**

输出分辨率是照排机或打印机等输出设备产生的每英寸的油墨点数（dpi）。打印机的分辨率在 720 dpi 以上的，可以使图像获得比较好的效果。

3. 色彩模式

Photoshop 和 Illustrator 提供了多种色彩模式，这些色彩模式正是作品能够在屏幕和印刷品上成功表现的重要保障。这里重点介绍几种经常使用的色彩模式，即 CMYK 模式、RGB 模式、灰度模式及 Lab 模式。每种色彩模式有不同的色域，并且各模式之间可以转换。

◎ **CMYK 模式**

CMYK 代表印刷上用的 4 种油墨色：C 代表青色，M 代表洋红色，Y 代表黄色，K 代表黑色。CMYK 模式在印刷时应用色彩学中的减法混合原理，即减色色彩模式，它是图片、插图和其他作品中最常用的一种印刷方式。这是因为在印刷中通常都要进行四色分色，出四色胶片，然后进行印刷。

在 Photoshop 中，CMYK "颜色" 控制面板如图 1-13 所示。可以在 "颜色" 控制面板中设置 CMYK 的颜色。在 Illustrator 中也可以使用 "颜色" 控制面板设置 CMYK 的颜色，如图 1-14 所示。

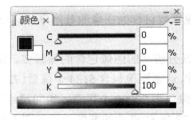 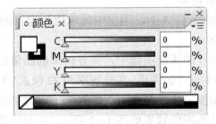

图 1-13　　　　　　　　　　　　图 1-14

 提　示　在 Photoshop 中制作平面设计作品时，一般会把图像文件的色彩模式设置为 CMYK 模式。在 Illustrator 中制作平面设计作品时，绘制的矢量图形和制作的文字都要使用 CMYK 颜色。

可以在建立新的 Photoshop 图像文件时就选择 CMYK 四色印刷模式，如图 1-15 所示。

图 1-15

提　示　在建立新的 Photoshop 文件时就选择 CMYK 四色印刷模式优点是，防止最后的颜色失真，因为在整个作品的制作过程中，所制作的图像都在可印刷的色域中。

在制作过程中，可以随时选择"图像 > 模式 > CMYK 颜色"命令，将图像转换成 CMYK 四色印刷模式。但是一定要注意，在图像转换为 CMYK 四色印刷模式后，就无法再变回原来图像的 RGB 色彩了。因为 RGB 色彩模式在转换成 CMYK 色彩模式时，色域外的颜色会变暗，这样才会使整个色彩成为可以印刷的文件。因此，在将 RGB 模式转换成 CMYK 模式之前，可以选择"视图 > 校样设置 > 工作中的 CMYK"命令，预览一下转换成 CMYK 色彩模式时的图像效果，如果不满意 CMYK 色彩模式效果，还可以根据需要调整图像。

◎ RGB 模式

RGB 模式是一种加色模式，它通过红、绿、蓝 3 种色光相叠加而形成更多的颜色。RGB 是色光的彩色模式，一幅 24 位的 RGB 图像有 3 个色彩信息的通道：红色（R）、绿色（G）和蓝色（B）。在 Photoshop 中，RGB "颜色"控制面板如图 1-16 所示。在 Illustrator 的"颜色"控制面板中也可以设置 RGB 颜色，如图 1-17 所示。

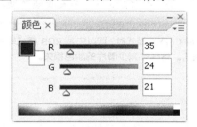
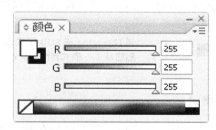

图 1-16　　　　　　　　　　　　　　　图 1-17

每个通道都有 8 位的色彩信息—— 一个 0～255 的亮度值色域。也就是说，每一种色彩都有 256 个亮度水平级。3 种色彩相叠加，可以有 256×256×256=1670 万种可能的颜色。这 1670 万种颜色足以表现出绚丽多彩的世界。

在 Photoshop CS3 中编辑图像时，RGB 色彩模式是最佳的选择。因为它可以提供全屏幕的多达 24 位的色彩范围，一些计算机领域的色彩专家称之为"True Color"真彩显示。

提　示　一般在视频编辑和设计过程中，使用 RGB 颜色来编辑和处理图像。

◎ 灰度模式

灰度模式（灰度图）又称为 8 位深度图。每个像素用 8 个二进制位表示，能产生 2^8（即 256）级灰色调。当一个彩色文件被转换为灰度模式文件时，所有的颜色信息将从文件中丢失。尽管 Photoshop 允许将一个灰度文件转换为彩色模式文件，但不可能将原来的颜色完全还原。所以，当要转换为灰度模式时，应先做好图像的备份。

像黑白照片一样，一个灰度模式的图像只有明暗值，没有色相和饱和度这两种颜色信息。在 Photoshop 中，"颜色"控制面板如图 1-18 所示。在 Illustrator 中，也可以用"颜色"控制面板设置灰度颜色，如图 1-19 所示。0%代表白，100%代表黑，其中的 K 值用于衡量黑色油墨用量。

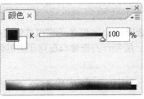
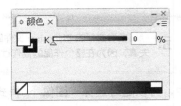

图 1-18   图 1-19

◎ Lab 模式

Lab 是 Photoshop 中的一种国际色彩标准模式，它由 3 个通道组成：一个通道是透明度，即 L；其他两个是色彩通道，即色相和饱和度，用 a 和 b 表示。a 通道包括的颜色值从深绿色到灰色，再到亮粉红色；b 通道包括的颜色值从亮蓝色到灰色，再到焦黄色。这些色彩混合后将产生明亮的色彩。Lab "颜色"控制面板如图 1-20 所示。

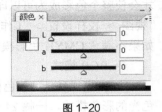

图 1-20

Lab 模式在理论上包括人眼可见的所有色彩，弥补了 CMYK 模式和 RGB 模式的不足。在这种模式下，图像的处理速度比在 CMYK 模式下快数倍，与 RGB 模式的速度相仿。而且在把 Lab 模式转成 CMYK 模式的过程中，所有的色彩不会丢失或被替换。

提　示　当 Photoshop 将 RGB 模式转换成 CMYK 模式时，可以先将 RGB 模式转换成 Lab 模式，然后从 Lab 模式转成 CMYK 模式。这样会减少图片的颜色损失。

4．文件格式

当平面设计作品制作完成后需要进行存储，这时选择一种合适的文件格式显得十分重要。在 Photoshop 和 Illustrator 中有 20 多种文件格式可供选择。在这些文件格式中，既有 Photoshop 和 Illustrator 的专用格式，又有用于应用程序交换的文件格式，还有一些比较特殊的格式。下面重点介绍几种常用的文件存储格式。

◎ TIF（TIFF）格式

TIF 是标签图像格式。TIF 格式对于色彩通道图像来说具有很强的可移植性，它可以用于 PC、Macintosh 及 UNIX 工作站 3 大平台，是这 3 大平台上使用最广泛的绘图格式。

用 TIF 格式存储时应考虑到文件的大小，因为 TIF 格式的结构比其他格式更大更复杂。但 TIF 格式支持 24 个通道，能存储多于 4 个通道的文件格式。TIF 格式还允许使用 Photoshop 中的复杂工具和滤镜特效。

提　示　TIF 格式非常适合印刷和输出。在 Photoshop 中编辑处理完成的图片文件一般都会存储为 TIF 格式，然后导入到 Illustrator 的平面设计文件中进行编辑处理。

◎ PSD 格式

PSD 格式是 Photoshop 软件自身的专用文件格式，PSD 格式能够保存图像数据的细小部分，如图层、蒙版、通道等，Photoshop 对图像进行特殊处理的信息。在没有最终决定图像存储的格式前，最好先以这种格式存储。另外，Photoshop 打开和存储 PSD 格式的文件较其他格式更快。

◎ AI 格式

AI 格式是 Illustrator 软件的专用格式。它的兼容度比较高，可以在 CorelDRAW 中打开，也可

以将 CDR 格式的文件导出为 AI 格式。

◎ **JPEG 格式**

JPEG 是 Joint Photographic Experts Group 的缩写，译为联合图片专家组。JPEG 格式既是 Photoshop 支持的一种文件格式，又是一种压缩方案。它是 Macintosh 上常用的一种存储类型。JPEG 格式是压缩格式中的"佼佼者"，与 TIF 文件格式采用的 LIW 无损失压缩相比，它的压缩比例更大。但它使用的有损失压缩会丢失部分数据。用户可以在存储前选择图像的最后质量，这能控制数据的损失程度。

在 Photoshop 中，可以选择低、中、高、最高 4 种图像压缩品质。以高质量保存图像比其他质量的保存形式占用更大的磁盘空间。而以低质量保存图像则会使损失的数据较多，但占用的磁盘空间较少。

◎ **EPS 格式**

EPS 格式为压缩的 PostScript 格式，是为 PostScript 打印机上输出图像开发的。其最大的优点是在排版软件中可以以低分辨率预览，而在打印时以高分辨率输出。它不支持 Alpha 通道，但支持裁切路径。

EPS 格式支持 Photoshop 中所有的颜色模式，可以用来存储点阵图和矢量图形。在存储点阵图像时，还可以将图像的白色像素设置为透明的效果，它在位图模式下也支持透明。

1.2 / 图像设计与输出

1.2.1 【操作目的】

在 Photoshop 中，通过新建文件了解页面的设置方法。通过设置参考线了解出血线的设置方法。在 Illustrator 中，通过新建文档掌握文档的设置方法，以及将名片中的文字转曲来掌握文字的转换方法。通过裁切区域的设计掌握裁切线的设置方法。

1.2.2 【操作步骤】

Photoshop 应用

步骤 1 选择"文件 > 新建"命令，在弹出的"新建"对话框中进行设置，如图 1-21 所示，单击"确定"按钮，新建一个文件。按<Ctrl>+<R>组合键，在图像窗口中显示标尺，效果如图 1-22 所示。

步骤 2 选择"视图 > 新建参考线"命令，在弹出的"新建参考线"对话框中进行设置，如图 1-23 所示，单击"确定"按钮，效果如图 1-24 所示。使用相同的方法在 5.8cm 处新建一条水平参考线，效果如图 1-25 所示。

步骤 3 选择"视图 > 新建参考线"命令，在弹出的"新建参考线"对话框中进行设置，如图 1-26 所示，单击"确定"按钮，效果如图 1-27 所示。使用相同的方法在 9.3cm 处新建一条垂直参考线，效果如图 1-28 所示。

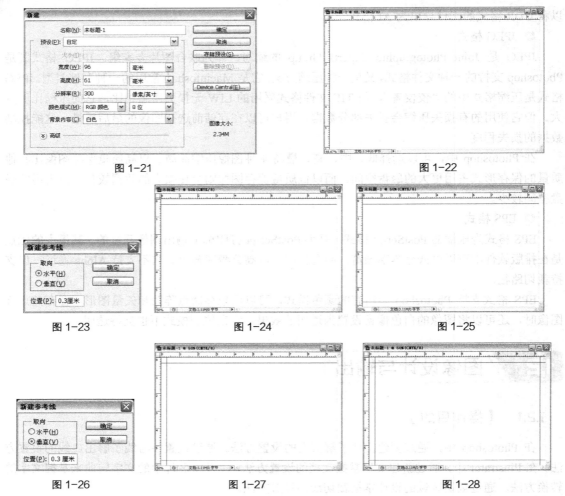

图 1-21 　　　　　　　　　　　　　　　　　　图 1-22

图 1-23 　　　　　　　图 1-24 　　　　　　　图 1-25

图 1-26 　　　　　　　图 1-27 　　　　　　　图 1-28

步骤 4 按<Ctrl>+<O>组合键，打开光盘中的"Ch01 > 素材 > 图像设计与输出 > 01"文件，效果如图 1-29 所示。选择"移动"工具 ，将其拖曳到新建的"未标题-1"文件窗口中，如图 1-30 所示，在"图层"控制面板中生成新的"图层 1"。按<Ctrl>+<E>组合键，合并可见图层。按<Ctrl>+<S>组合键，弹出"存储为"对话框，将其命名为"名片底图"，保存为"TIFF"格式，单击"保存"按钮，弹出"TIFF 选项"对话框，单击"确定"按钮，将图像保存。

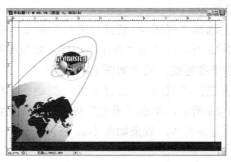

图 1-29 　　　　　　　　　　　　　　　　　　图 1-30

Illustrator 应用

步骤 **1** 按<Ctrl>+<N>组合键，弹出"新建文档"对话框，选项的设置如图 1-31 所示，单击"确定"按钮，效果如图 1-32 所示。

图 1-31　　　　　　　　　　　　　　　　　　图 1-32

步骤 **2** 选择"文件 > 置入"命令，弹出"置入"对话框，打开光盘中的"Ch01 > 效果 > 图像设计与输出 > 名片底图"文件，如图 1-33 所示，单击"置入"按钮，将图片置入到页面中，单击属性栏中的"嵌入"按钮嵌入图片，效果如图 1-34 所示。

图 1-33　　　　　　　　　　　　　　　　　　图 1-34

步骤 **3** 选择"窗口 > 变换"命令，弹出"变换"面板，选项的设置如图 1-35 所示，按<Enter>键，置入的图片与页面居中对齐，效果如图 1-36 所示。

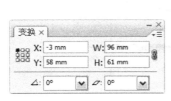
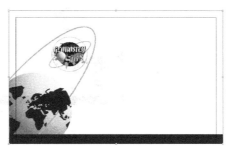

图 1-35　　　　　　　　　　　　　　　　　　图 1-36

步骤 **4** 选择"文字"工具 T，在页面中分别输入需要的文字。选择"选择"工具，分别在属性栏中选择合适的字体并设置文字大小，设置文字填充色的 C、M、Y、K 值分别为（0、0、0、0）、（20、64、96、0），分别填充文字，效果如图 1-37 所示。

步骤 **5** 选择"直线段"工具，在页面中拖曳鼠标绘制直线，并设置描边色的 C、M、Y、

K 值分别为 20、64、96、0，填充描边。选择"选择"工具 ，分别在属性栏中选择合适的字体并设置文字大小，设置文字填充色的 C、M、Y、K 值分别为（0、0、0、0）、（20、64、96、0），分别填充文字，效果如图 1-38 所示。

图 1-37   图 1-38

步骤 6 选择"选择"工具 ，按住<Shift>键的同时，单击输入的文字将其选取，如图 1-39 所示。选择"文字 > 创建轮廓"命令，将文字转换为轮廓，如图 1-40 所示。

步骤 7 选择"对象 > 裁剪区域 > 建立"命令，页面中显示 3mm 出血的裁切区域，如图 1-41 所示。设计作品制作完成。按<Ctrl>+<S>组合键，弹出"存储为"对话框，将其命名为"名片"，保存为 AI 格式，单击"保存"按钮，将图像保存。

图 1-39   图 1-40

图 1-41

1.2.3 【相关知识】

1. 页面设置

在设计制作平面作品之前，要根据客户任务的要求在 Photoshop 或 Illustrator 中设置页面文件的尺寸。下面介绍如何根据制作标准或客户要求设置页面文件的尺寸。

◎ **在 Photoshop 中设置页面**

选择"文件 > 新建"命令，弹出"新建"对话框，如图 1-42 所示。在对话框中在"名称"文本框中可以输入新建图像的文件名；"预设"下拉列表用于自定义或选择其他固定格式文件的大小；在"宽度"和"高度"文本框中可以输入需要设置的宽度和高度的数值；在"分辨率"文本框中可以输入需要设置的分辨率。

图 1-42

图像的宽度和高度可以设定为像素或厘米，单击"宽度"和"高度"选项后面的黑色三角按钮，弹出计量单位下拉列表，从中可以选择计量单位。

"分辨率"选项可以设定每英寸的像素数或每厘米的像素数，一般在进行屏幕练习时，设定为 72 像素/英寸；在进行平面设计时，设定为输出设备的半调网屏频率的 1.5～2 倍，一般为 300 像素/英寸。单击"确定"按钮，新建页面。

提 示 每英寸像素数越大，图像的文件也越大。应根据工作需要设定合适的分辨率。

◎ **在 Illustrator 中设置页面**

在实际工作中，往往要利用像 Illustrator 这样的优秀平面设计软件来完成印前的制作任务，随后才是出胶片、送印厂。这就要求在设计制作前，设置好作品的尺寸。

选择"文件 > 新建"命令，弹出"新建文档"对话框，如图 1-43 所示。在对话框中，在"名称"文本框中可以输入新建图像的文件名；在"新建文档配置文件"下拉列表可以基于所需的输出来选择新的文档配置文件以启动新文档；"大小"下拉列表用于选择系统预先设置的文件尺寸；在"宽度"和"高度"文本框中可以输入需要设置的宽度和高度的数值；在"单位"下拉列表设置文

图 1-43

件所采用的单位；"取向"选项用来设置新建的页面是竖向还是横向排列。

单击 按钮，弹出"高级"选项，如图 1-44 所示，"颜色模式"下拉列表用于设置新建文件的颜色模式；"栅格效果"下拉列表用于为文档中的栅格效果指定分辨率；"预览模式"下拉列表用于为文档设置默认预览模式。

图 1-44

选择"文件 > 从模板新建"命令，弹出"从模板新建"对话框，选择一个模板，单击"新建"按钮，可新建一个文件。

2. 图片大小

在完成平面设计任务的过程中，为了更好地编辑图像或图形，经常需要调整图像或者图形的大小。下面介绍图像或图形大小的调整方法。

◎ **在 Photoshop 中调整图像大小**

打开光盘中的"Ch01 > 素材 > 01"文件，如图 1-45 所示。选择"图像 > 图像大小"命令，弹出"图像大小"对话框，如图 1-46 所示。

"像素大小"选项组：以像素为单位来改变宽度和高度的数值，图像的尺寸也相应改变。

"文档大小"选项组：以厘米为单位来改变宽度和高度的数值，以像素/英寸为单位来改变分辨率的数值，图像的文档大小被改变，图像的尺寸也相应改变。

"约束比例"选项：选中该复选框，在宽度和高度的选项后出现"锁链"标志，表示改变其中一项设置时，两项会同时成比例地改变。

"重定图像像素"选项：不选中该复选框，像素大小不发生变化，"文档大小"选项组中的宽度、高度和分辨率的选项后将出现"锁链"标志，发生改变时 3 项会同时改变，如图 1-47 所示。

图 1-45

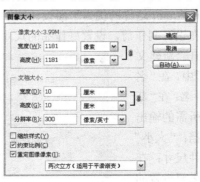

图 1-46

图 1-47

单击"自动"按钮，弹出"自动分辨率"对话框，系统将自动调整图像的分辨率和品质效果，也可以根据需要自主调节图像的分辨率和品质效果，如图 1-48 所示。

在"图像大小"对话框中，可以选择数值的计量单位，如图 1-49 所示。

图 1-48   图 1-49

在"图像大小"对话框中，改变"文档大小"选项组中的宽度数值，如图 1-50 所示。图像将变小，效果如图 1-51 所示。

图 1-50   图 1-51

提　示　在设计制作的过程中，一般情况下位图的分辨率保持 300 像素/英寸，编辑位图的尺寸可以从大尺寸图调整到小尺寸图，这样没有图像品质的损失。如果从小尺寸图调整到大尺寸图，就会造成图像品质的损失，如图片模糊等。

◎ **在 Illustrator 中调整图像大小**

打开光盘中的"Ch01＞ 素材 ＞02"文件。使用"选择"工具 ，选取要缩放的对象，对象的周围出现控制手柄，如图 1-52 所示。用鼠标拖曳控制手柄可以手动缩小或放大对象，如图 1-53 所示。

选择"选择"工具 ，并选取要缩放的对象，对象的周围出现控制手柄，如图 1-54 所示。选择"窗口 ＞ 变换"命令，弹出"变换"控制面板，如图 1-55 所示。在控制面板中的"W"和"H"文本框中根据需要调整好宽度和高度值，如图 1-56 所示，按<Enter>键确认，完成对象的缩放，如图 1-57 所示。

图 1-52   图 1-53   图 1-54

图 1-55

图 1-56

图 1-57

3. 出血

印刷装订工艺要求接触到页面边缘的线条、图片或色块，须跨出页面边缘的成品裁切线 3mm，称为出血。出血是防止裁刀裁切到成品尺寸里面的图文或出现白边。下面以名片的制作为例，对如何在 Photoshop 或 Illustrator 中设置名片的出血进行细致的介绍。

◎ 在 Photoshop 中设置出血

步骤 1 要求制作的名片的成品尺寸是 90mm×55mm，如果名片有底色或花纹，则需要将底色或花纹跨出页面边缘的成品裁切线 3mm。在 Photoshop 中新建的文件页面尺寸设置为 96 mm ×61mm。

步骤 2 按<Ctrl>+<N>组合键，弹出"新建"对话框，选项的设置如图 1-58 所示，单击"确定"按钮，效果如图 1-59 所示。

图 1-58   图 1-59

步骤 3 选择"视图 > 新建参考线"命令，弹出"新建参考线"对话框，设置如图 1-60 所示，单击"确定"按钮，效果如图 1-61 所示。用相同的方法，在 5.8cm 处新建一条水平参考线，效果如图 1-62 所示。

图 1-60   图 1-61   图 1-62

步骤 4 选择"视图 > 新建参考线"命令,弹出"新建参考线"对话框,设置如图 1-63 所示,单击"确定"按钮,效果如图 1-64 所示。用相同的方法,在 9.3cm 处新建一条垂直参考线,效果如图 1-65 所示。

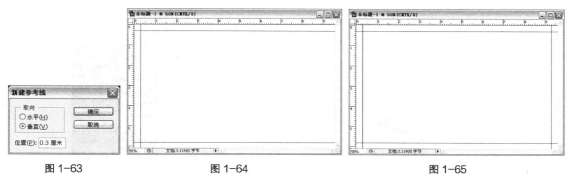

图 1-63   图 1-64   图 1-65

步骤 5 按<Ctrl>+<O>组合键,打开光盘中的"Ch01 > 素材 > 03"文件,效果如图 1-66 所示。选择"移动"工具 ➤ ,按住<Shift>键的同时,将其拖曳到新建的"未标题-1"文件窗口中,如图 1-67 所示。在"图层"控制面板中生成新的图层"图层 1"。按<Ctrl>+<E>组合键,合并可见图层。按<Ctrl>+<S>组合键,弹出"存储为"对话框,将其命名为"名片背景",保存为 TIFF 格式,单击"保存"按钮,弹出"TIFF 选项"对话框,单击"确定"按钮,将图像保存。

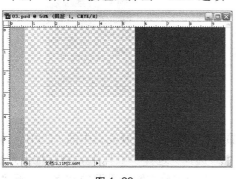   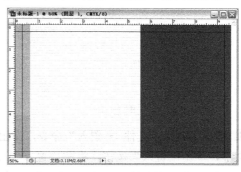

图 1-66   图 1-67

◎ 在 Illustrator 中设置出血

步骤 1 要求制作名片的成品尺寸是 90mm×55mm,需要设置的出血是 3mm。

步骤 2 按<Ctrl>+<N>组合键,弹出"新建文档"对话框,选项的设置如图 1-68 所示,单击"确定"按钮,效果如图 1-69 所示。

图 1-68   图 1-69

步骤 3 选择"文件 > 置入"命令,弹出"置入"对话框,打开光盘中的"Ch01 > 效果 >

名片背景"文件,如图 1-70 所示,单击"置入"按钮,将图片置入到页面中,如图 1-71 所示。

图 1-70

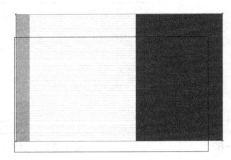

图 1-71

步骤 **4** 选择"窗口 > 变换"命令,弹出"变换"面板,选项的设置如图 1-72 所示,按<Enter>键,置入的图片与页面居中对齐,效果如图 1-73 所示。

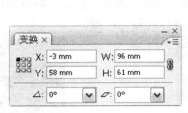

图 1-72

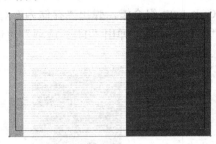

图 1-73

步骤 **5** 选择"文件 > 置入"命令,弹出"置入"对话框,打开光盘中的"Ch01 > 素材 > 04"文件,单击"置入"按钮,将图片置入到页面中。选择"选择"工具 ,将其拖曳到适当的位置,效果如图 1-74 所示。选择"文字"工具 T ,在页面中分别输入需要的文字。选择"选择"工具 ,分别在属性栏中选择合适的字体并设置文字大小,效果如图 1-75 所示。

图 1-74

图 1-75

步骤 **6** 选择"对象 > 裁剪区域 > 建立"命令,页面中显示 3mm 出血的裁切区域,如图 1-76 所示。设计作品制作完成。按<Ctrl>+<S>组合键,弹出"存储为"对话框,将其命名为"名片",保存为 AI 格式,单击"保存"按钮,将图像保存。

图 1-76

4. 文字转换

在 Photoshop 和 Illustrator 中输入文字时，都需要选择文字的字体。文字的字体安装在计算机、打印机或照排机的文件中。字体就是文字的外在形态，当设计师选择的字体与输出中心的字体不匹配，或者根本就没有设计师选择的字体时，出来的胶片上的文字就不是设计师选择的字体，也可能出现乱码。下面介绍如何在 Photoshop 和 Illustrator 中进行文字转换来避免出现这样的问题。

◎ **在 Photoshop 中转换文字**

打开光盘中的"Ch01 > 素材 > 05"文件，在"图层"控制面板中选中需要的文字图层，单击鼠标右键，在弹出的快捷菜单中选择"栅格化文字"命令，如图 1-77 所示。将文字图层转换为普通图层，就是将文字转换为图像，如图 1-78 所示，图像窗口中的文字效果如图 1-79 所示。转换为普通图层后，出片文件将不会出现字体的匹配问题。

图 1-77

图 1-78

图 1-79

◎ **在 Illustrator 中转换文字**

打开光盘中的"Ch01 > 效果 > 名片.ai"文件。选择"选择"工具 ，按住<Shift>键的同时，单击输入的文字将其选取，如图 1-80 所示。选择"文字 > 创建轮廓"命令，将文字转换为轮廓，如图 1-81 所示。按<Ctrl>+<S>组合键，将文件保存。

图 1-80

图 1-81

 **边做边学——Photoshop+Illustrator 综合实训教程**

> **提 示** 将文字转换为轮廓，就是将文字转换为图形，在输出中心就不会出现文字的匹配问题，在胶片上也不会形成乱码了。

5. 印前检查

在 Illustrator 中，可以对设计制作好的名片在印刷前进行常规的检查。

打开光盘中的"Ch01 > 效果 > 名片.ai"文件，效果如图 1-82 所示。选择"窗口 > 文档信息"命令，弹出"文档信息"面板，如图 1-83 所示，单击右上方的 ▼≡ 图标，在弹出的下拉菜单中可查看各个项目，如图 1-84 所示。

图 1-82   图 1-83   图 1-84

在"文档信息"面板中无法反映图片丢失、修改后未更新、有多余的通道或路径的问题。选择"窗口 > 链接"命令，弹出"链接"面板，可以警告丢图或未更新，如图 1-85 所示。

在"文档信息"面板中发现的不适合出片的字体，如果要改成其他的字体，可选择"文字 > 查找字体"命令，在弹出的"查找字体"对话框中进行操作，如图 1-86 所示。

图 1-85   图 1-86

> **注 意** 在 Illustrator 中，如果已经将设计作品中的文字转成轮廓，在"查找字体"对话框中将无任何可替换字体。

6. 小样

在 Illustrator 中，设计制作完成客户的任务后，可以方便地给客户看设计完成稿的小样，下面介绍小样电子文件的导出方法。

◎ 带出血的小样

步骤 1 打开光盘中的"Ch01 > 效果 > 名片.ai"文件，效果如图 1-87 所示。选择"文件 > 导出"命令，弹出"导出"对话框，将其命令为"名片"，导出为 JPG 格式，如图 1-88 所示，单击"保存"按钮,弹出"JPEG 选项"对话框,选项的设置如图 1-89 所示,单击"确定"按钮,导出图形。

图 1-87　　　　　　　　　图 1-88　　　　　　　　　图 1-89

 导出图形在桌面上的图标如图 1-90 所示。可以通过电子邮件的方式把导出的 JPG 格式小样发给客户观看,客户可以在看图软件中打开观看,效果如图 1-91 所示。

图 1-90　　　　　　　　　图 1-91

提　示　　一般给客户观看的作品小样都导出为 JPG 格式,JPG 格式的图像压缩比例大、文件小,有利于通过电子邮件的方式发给客户观看。

◎ 成品尺寸的小样

 打开光盘中的"Ch01 > 效果 > 名片.ai"文件,效果如图 1-92 所示。选择"选择"工具 ,按<Ctrl>+<A>组合键,将页面中的所有图形同时选取,按<Ctrl>+<G>组合键,将其群组,效果如图 1-93 所示。

图 1-92　　　　　　　　　图 1-93

步骤 2 选择"矩形"工具 ，绘制一个与页面大小相等的矩形，绘制的矩形就是名片成品尺寸的大小，如图 1-94 所示。选择"选择"工具 ，将矩形和群组后的图形同时选取，按 <Ctrl>+<7>组合键，创建剪切蒙版，效果如图 1-95 所示。成品尺寸的名片效果如图 1-96 所示。

图 1-94

图 1-95

图 1-96

步骤 3 选择"文件 > 导出"命令，弹出"导出"对话框，将其命名为"名片-成品尺寸"，导出为 JPG 格式，如图 1-97 所示，单击"保存"按钮。弹出"JPEG 选项"对话框，选项的设置如图 1-98 所示，单击"确定"按钮，导出成品尺寸的名片图像。可以通过电子邮件的方式把导出的 JPG 格式小样发给客户观看，客户可以在看图软件中打开观看，效果如图 1-99 所示。

图 1-97

图 1-98

图 1-99

第2章 标志设计

标志是一种传达事物特征的特定视觉符号，它代表着企业的形象和文化。企业的服务水平、管理机制和综合实力都可以通过标志来体现。在企业视觉战略推广中，标志起着举足轻重的作用。本章以龙祥科技标志设计为例，介绍标志的设计方法和制作技巧。

 课堂学习目标 ——————————————————

- 在 Photoshop 软件中制作标志图形的立体效果
- 在 Illustrator 软件中制作标志和标准字

2.1 龙祥科技标志设计

2.1.1 【案例分析】

本例为龙祥科技发展有限公司设计制作标志。龙祥科技发展有限公司是一家著名的电子信息高科技企业，因此在标志设计上要体现出企业的经营内容、发展方向和文化底蕴，在设计语言和手法上要以单纯、简洁、易识别的图像和文字符号进行表现。

2.1.2 【设计理念】

向上的龙头展示出企业不断创新、不断进取的精神风貌，同时显示出争当龙头企业的强烈愿望。通过图形与字母"e"的变形处理，展示出企业的高科技和国际化。紧凑连贯的设计体现出企业团结协作的文化内涵。使用立体效果则突显出设计的现代感和科技性。整体设计简洁明快、气势磅礴。（最终效果参看光盘中的"Ch02 > 效果 > 龙祥科技标志设计 > 龙祥科技标志"，如图2-1 所示。）

图2-1

2.1.3 【操作步骤】

Illustrator 应用

1. 制作标志中的"e"图形

步骤 1 按<Ctrl>+<N>组合键，弹出"新建文档"对话框，选项的设置如图 2-2 所示，单击"确定"按钮，新建一个文档。选择"椭圆"工具 ⬭，按住<Shift>键的同时，绘制一个圆形，如图 2-3 所示。选择"选择"工具 ▶，按<Ctrl>+<C>组合键，复制图形，按<Ctrl>+<F>组合键，将复制的图形粘贴在前面。按住<Shift>+<Alt>组合键的同时，向内拖曳鼠标，等比例缩小图形，效果如图 2-4 所示。

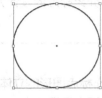
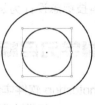

图 2-2　　　　　　　　　图 2-3　　　　　　图 2-4

步骤 2 选择"选择"工具 ▶，用圈选的方法将两个圆形同时选取。选择"窗口 > 路径查找器"命令，弹出"路径查找器"控制面板，单击"排除重叠形状区域"按钮 ⬚，如图 2-5 所示，生成新的对象，再单击"扩展"按钮 扩展 ，扩展路径。设置图形填充色为蓝色（其 C、M、Y、K 的值分别为 100、0、0、0），填充图形并设置描边色为无，效果如图 2-6 所示。

图 2-5　　　　　　　　　图 2-6

步骤 3 选择"矩形"工具 ▭，绘制一个矩形，如图 2-7 所示。选择"选择"工具 ▶，用圈选的方法将矩形和扩展后的图形同时选取，单击"与形状区域相减"按钮 ⬚，生成新的对象，再单击"扩展"按钮 扩展 ，效果如图 2-8 所示。

图 2-7　　　　　　图 2-8

步骤 4 选择"直接选择"工具 ▶，选取需要的节点，如图 2-9 所示。按住<Shift>键的同时，水平向左拖曳节点到适当的位置，如图 2-10 所示。再选取其他节点对其进行编辑，效果如图 2-11 所示。

图 2-9 图 2-10 图 2-11

步骤 5 选择"直接选择"工具 ，选中需要的节点将其拖曳到适当的位置，如图 2-12 所示，效果如图 2-13 所示。选择"删除锚点"工具 ，删除不需要的节点，如图 2-14 所示，效果如图 2-15 所示。

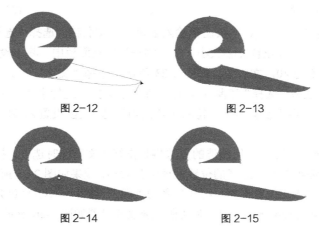

图 2-12 图 2-13

图 2-14 图 2-15

步骤 6 选择"直接选择"工具 ，选取需要的节点，向上拖曳控制手柄，编辑状态如图 2-16 所示。松开鼠标左键，效果如图 2-17 所示。再选取需要的节点，向上拖曳控制手柄，编辑状态如图 2-18 所示。用相同方法分别对其他节点进行编辑，效果如图 2-19 所示。

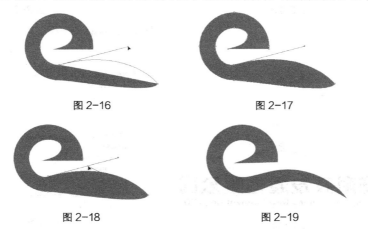

图 2-16 图 2-17

图 2-18 图 2-19

2. 绘制龙图形效果和添加文字

步骤 1 选择"钢笔"工具 ，在页面中绘制一个图形，设置图形填充色为蓝色（其 C、M、Y、K 的值分别为 100、0、0、0），填充图形并设置描边色为无，效果如图 2-20 所示。用相同的方法再绘制一个图形，设置图形填充色为蓝色（其 C、M、Y、K 的值分别为 100、0、0、0），

边做边学——Photoshop+Illustrator 综合实训教程

填充图形并设置描边色为无，效果如图 2-21 所示。选择"选择"工具 ，用圈选的方法将所有图形同时选取，按<Ctrl>+<G>组合键，将其编组，效果如图 2-22 所示。

图 2-20　　　　　　　图 2-21　　　　　　　图 2-22

步骤 2　选择"文字"工具 T，在页面中输入公司的中文名称。选择"选择"工具 ，在属性栏中选择合适的字体并设置文字大小，在"字符"控制面板中，将"设置所选字符的字符间距"选项 AV 设置为 40，文字效果如图 2-23 所示。选择"文字"工具 T，在页面中输入公司的英文名称。选择"选择"工具 ，在属性栏中选择合适的字体并设置文字大小，在"字符"控制面板中，将"设置所选字符的字符间距"选项 AV 设置为 20，文字效果如图 2-24 所示。

步骤 3　选择"选择"工具 ，用圈选的方法将制作好的文字同时选取，按<Ctrl>+<G>组合键，将其编组。拖曳编组文字到适当的位置并调整其大小，效果如图 2-25 所示。选择"文件 > 导出"命令，弹出"导出"对话框，将其命名为"标志设计"，保存为 PSD 格式，单击"导出"按钮，弹出"Photoshop 导出选项"对话框，选项的设置如图 2-26 所示，单击"确定"按钮，导出图像。

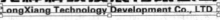

图 2-23　　　　　　　　　　　　　　　图 2-24

图 2-25　　　　　　　　　　　　　　　图 2-26

Photoshop 应用

3. 制作龙图形的立体效果

步骤 1　打开 Photoshtop CS3 软件，按<Ctrl>+<N>组合键，新建一个文件：宽度为 17cm，高度

24

为 14cm，分辨率为 300 像素/英寸，颜色模式为 RGB，背景内容为白色。

步骤 2 按<Ctrl>＋<O>组合键，打开光盘中的"Ch02 > 效果 > 龙祥科技标志设计 > 标志设计.psd"文件，效果如图 2-27 所示。

图 2-27

步骤 3 在"图层"控制面板中单击"图层 1"图层组前面的三角形图标，显示需要的图层，选中"<编组>"图层，如图 2-28 所示。将其拖曳到新建图像窗口中的适当位置并调整其大小，效果如图 2-29 所示，在"图层"控制面板中生成新的图层并将其命名为"龙"。

图 2-28   图 2-29

步骤 4 单击"图层"控制面板下方的"添加图层样式"按钮 fx，在弹出的下拉菜单中选择"斜面和浮雕"命令，弹出"斜面和浮雕"对话框，将"阴影模式"的颜色设置为紫色（其 R、G、B 值分别为 91、42、164），其他选项的设置如图 2-30 所示。选中"渐变叠加"选项，弹出"渐变叠加"对话框，将"渐变叠加"颜色设置为由蓝色（其 R、G、B 值分别为 47、137、204）到淡蓝色（其 R、G、B 值分别为 222、237、247）的渐变，其他选项的设置如图 2-31 所示，单击"确定"按钮，效果如图 2-32 所示。

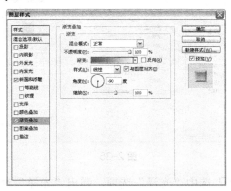

图 2-30   图 2-31

图 2-32

4. 制作标准字的立体效果

步骤 1 选择"标志设计"图像窗口，在"图层"控制面板中选中"<编组>"图层组，如图 2-33 所示。将图层组拖曳到新建图像窗口中的适当位置并调整其大小，效果如图 2-34 所示。在"图层"控制面板中生成新的图层组，按<Ctrl>+<E>组合键，合并图层并将其命名为"文字"。

图 2-33

图 2-34

步骤 2 单击"图层"控制面板下方的"添加图层样式"按钮 _fx_，在弹出的下拉菜单中选择"投影"命令，在弹出的对话框中进行设置，如图 2-35 所示。选中"斜面和浮雕"选项，在弹出的对话框中进行设置，如图 2-36 所示。

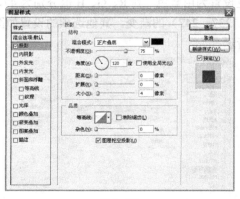

图 2-35

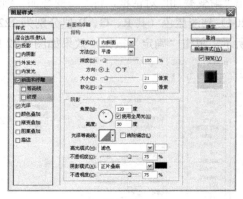

图 2-36

步骤 3 选中"光泽"选项，弹出"光泽"对话框，将"光泽"颜色设为黄色（其 R、G、B 值分别为 28、26、27），选择"等高线"选项右侧的按钮，在弹出的等高线面板中选择"起伏斜面—下降"等高线，其他选项的设置如图 2-37 所示，单击"确定"按钮，效果如图 2-38 所示。龙祥科技标志设计制作完成。按<Shift>+<Ctrl>+<E>组合键，合并可见图层。按<Ctrl>+<Shift>+<S>组合键，弹出"存储为"对话框，将其命名为"龙祥科技标志"，保存图像为 TIFF 格式，单击"保存"按钮，弹出"TIFF 选项"对话框，单击"确定"按钮，将图像保存。

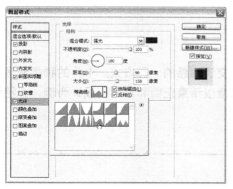

图 2-37

图 2-38

2.2 综合演练——自由天堂标志设计

在 Illustrator 中，使用绘制图形工具和编辑图形命令制作小人身体图形。使用椭圆工具绘制小人脸部图形。使用文字工具和编辑路径工具制作标准字。在 Photoshop 中为标志添加图层样式制作标志的立体效果。（最终效果参看光盘中的"Ch02 > 效果 > 自由天堂标志设计 > 自由天堂标志"，如图 2-39 所示。）

图 2-39

2.3 综合演练——天建电子科技标志设计

在 Illustrator 中，使用矩形工具、圆角矩形工具和路径查找器面板绘制天字的左半部分。使用复制命令和镜像工具制作天字右半部分。使用文字工具添加需要的文字。使用添加锚点工具和直接选择工具改变"建"字左半部分的形状。使用自由扭曲命令制作天字扭曲效果。在 Photoshop 中，使用图层样式命令制作标志图形的立体效果。（最终效果参看光盘中的"Ch02 > 效果 > 天建电子科技标志设计 > 天建电子科技标志"，如图 2-40 所示。）

图 2-40

第3章 卡片设计

卡片是人们增进交流的一种载体，是传递信息、交流情感的一种方式。卡片的种类繁多，有邀请卡、祝福卡、生日卡、圣诞卡、新年贺卡等。本章以请柬正面和背面的设计为例，介绍请柬正面和背面的设计方法和制作技巧。

 课堂学习目标 ——————————————————

- 在 Photoshop 软件中制作请柬正面和背面底图
- 在 Illustrator 软件中添加装饰图形和相关信息

3.1 请柬正面设计

3.1.1 【案例分析】

请柬又称为请贴、简贴，是为了邀请客人参加某项活动而发的礼仪性书信。请柬在款式和装帧设计上应美观、大方、精致，使被邀请者体会到主人的热情与诚意，感到喜悦和亲切感。本例的请柬要求通过简单的图形突显出高品味的时尚感。

3.1.2 【设计理念】

粉红到兰紫的渐变展示出靓丽脱俗的气质，表现出娇媚宜人的美感。变化不一的图形和曲线展示出优美淡雅的韵味，形成雅致的氛围。人物的添加突显出潮流和时尚感。最后用文字点明主题，给人丰富、亲近的印象。（最终效果参看光盘中的"Ch03 > 效果 > 请柬正面设计 > 请柬正面"，如图 3-1 所示。）

图 3-1

3.1.3　【操作步骤】

Photoshop 应用

1. 制作背景底图

步骤 1　按<Ctrl>+<N>组合键，新建一个文件：宽为 12cm，高为 20cm，分辨率为 300 像素/英寸，颜色模式为 RGB，背景内容为白色。

步骤 2　选择"滤镜 > 纹理 > 马赛克拼贴"命令，在弹出的对话框中进行设置，如图 3-2 所示，单击"确定"按钮，效果如图 3-3 所示。

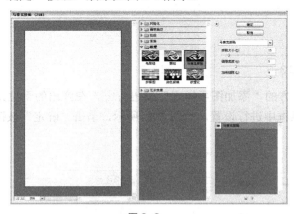

图 3-2　　　　　　　　　　　　图 3-3

步骤 3　单击"图层"控制面板下方的"创建新的填充或调整图层"按钮 ，在弹出的下拉菜单中选择"色相/饱和度"命令，并在"图层"控制面板中生成"色相/饱和度 1"图层。同时弹出"色相/饱和度"对话框，在对话框中进行设置，如图 3-4 所示，单击"确定"按钮，效果如图 3-5 所示。

图 3-4　　　　　　　　　　　　图 3-5

提　示　　在"色相/饱和度"对话框中，"编辑"下拉列表用于选择要调整的色彩范围；"着色"复选框用于在由灰度模式转化而来的色彩模式图像中填加需要的颜色。

2. 制作渐变背景

步骤 1　单击"图层"控制面板下方的"创建新图层"按钮 ，生成新的图层并将其命名为

"形状"。选择"钢笔"工具 ，单击属性栏中的"路径"按钮 ，在图像窗口中绘制路径，然后按<Ctrl>+<Enter>组合键，将路径转换为选区，如图 3-6 所示。将前景色设为粉色（其 R、G、B 的值分别为 249、108、150），按<Alt>+<Delete>组合键，用前景色填充选区。按<Ctrl>+<D>组合键，取消选区，效果如图 3-7 所示。

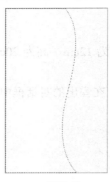 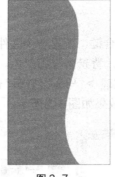

图 3-6 图 3-7

步骤 2 单击"图层"控制面板下方的"添加图层样式"按钮 *fx*，在弹出的下拉菜单中选择"投影"命令，并在弹出的对话框中进行设置，如图 3-8 所示，单击"确定"按钮，效果如图 3-9 所示。

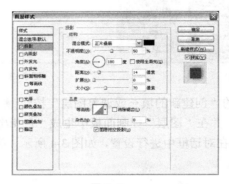 

图 3-8 图 3-9

步骤 3 新建图层并将其命名为"形状 1"。选择"钢笔"工具 ，在图像窗口中绘制路径，按<Ctrl>+<Enter>组合键，将路径转换为选区，如图 3-10 所示。将前景色设为白色，按<Alt>+<Delete>组合键，用前景色填充选区。按<Ctrl>+<D>组合键，取消选区，效果如图 3-11 所示。

 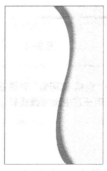

图 3-10 图 3-11

步骤 4　新建图层并将其命名为"形状 2"。选择"钢笔"工具 ，在图像窗口中绘制路径，按
　　　　<Ctrl>+<Enter>组合键，将路径转换为选区，如图 3-12 所示。选择"渐变"工具 ，单击属
　　　　性栏中的"点按可编辑渐变"按钮 ，弹出"渐变编辑器"对话框，并将渐变色设
　　　　为从紫色（其 R、G、B 的值分别为 140、57、129）到洋红色（其 R、G、B 的值分别为 235、
　　　　47、114），如图 3-13 所示，单击"确定"按钮。在属性栏中选中"反向"复选框，在选区中
　　　　由右上方至左下方拖曳渐变，如图 3-14 所示。松开鼠标，填充渐变色。按<Ctrl>+<D>组合
　　　　键，取消选区，效果如图 3-15 所示。

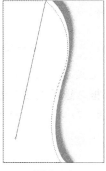
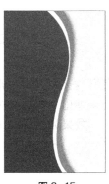

图 3-12　　　　　　　　　　　图 3-13　　　　　　　　　　图 3-14　　　　　　　图 3-15

步骤 5　新建图层并将其命名为"描边"。按<Ctrl>+<A>组合键，在图像窗口中生成选区，如图
　　　　3-16 所示。选择"编辑 > 描边"命令，并在弹出的对话框中进行设置，如图 3-17 所示，单
　　　　击"确定"按钮。按<Ctrl>+<D>组合键，取消选区，效果如图 3-18 所示。至此，请柬正面
　　　　底图制作完成。按<Ctrl>+<Shift>+<E>组合键，合并可见图层。按<Ctrl>+<S>组合键，弹出
　　　　"存储为"对话框，将其命名为"请柬正面底图"，保存为 TIFF 格式，单击"保存"按钮，
　　　　弹出"TIFF 选项"对话框，单击"确定"按钮，将图像保存。

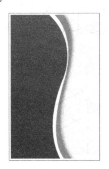

图 3-16　　　　　　　　　　　图 3-17　　　　　　　　　　图 3-18

Illustrator 应用

3. 绘制装饰图形

步骤 1　打开 Illustrator CS3 软件，按<Ctrl>+<N>组合键，弹出"新建文档"对话框，选项的设
　　　　置如图 3-19 所示，单击"确定"按钮，新建一个文档。选择"文件 > 置入"命令，弹出"置

入"对话框，选择光盘中的"Ch03 > 效果 > 请柬正面设计 > 请柬正面底图"文件，单击"置入"按钮，将图片置入到页面中，并在属性栏中单击"嵌入"按钮，将图片嵌入。选择"选择"工具 ↖，拖曳图片到适当的位置，效果如图 3-20 所示。

图 3-19   图 3-20

步骤 2 选择"矩形"工具 ▢，在页面中绘制一个矩形，如图 3-21 所示。双击"旋转"工具 ↻，弹出"旋转"对话框，选项的设置如图 3-22 所示。单击"复制"按钮，复制并旋转图形，效果如图 3-23 所示。按<Ctrl>+<D>组合键，再复制出一个图形，效果如图 3-24 所示。

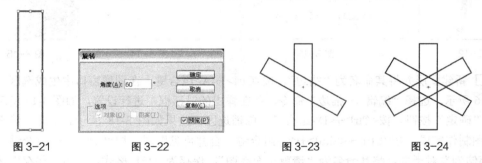

图 3-21   图 3-22   图 3-23   图 3-24

步骤 3 选择"选择"工具 ↖，用圈选的方法将所绘制的矩形同时选取，如图 3-25 所示。选择"窗口 > 路径查找器"命令，弹出"路径查找器"控制面板，单击"与形状区域相加"按钮 ▢，如图 3-26 所示，生成新的对象，再单击"扩展"按钮 扩展 ，效果如图 3-27 所示。

图 3-25   图 3-26   图 3-27

步骤 4 选择"选择"工具 ↖，拖曳图形到适当的位置并调整其大小，填充图形为白色并设置描边色为无，效果如图 3-28 所示。在属性栏中将"不透明度"选项设为 63，按<Enter>键，效果如图 3-29 所示。选择"选择"工具 ↖，按住<Alt>键的同时，拖曳图形到适当的位置并调整大小，在属性栏中将"不透明度"选项设为 43，效果如图 3-30 所示。用相同的方法复制多个图形，分别拖曳复制的图形到适当的位置并调整其角度和不透明度，效果如图 3-31 所示。

图 3-28　　　　　　　　图 3-29　　　　　　　　图 3-30　　　　　　　　图 3-31

步骤 5 选择"钢笔"工具 🖊，在图像窗口中绘制多个图形，如图 3-32 所示。选择"选择"工具 ▶，按住<Shift>键的同时，将绘制的图形同时选取，按<Ctrl>+<G>组合键，将其编组，填充图形为白色并设置描边色为无，效果如图 3-33 所示。在属性栏中将"不透明度"选项设为 25，效果如图 3-34 所示。

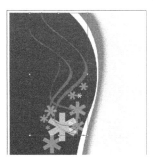

图 3-32　　　　　　　　　　图 3-33　　　　　　　　　　图 3-34

4．绘制装饰圆形

步骤 1 选择"椭圆"工具 ⬭，按住<Shift>键的同时，在页面中绘制一个圆形，设置填充色为淡粉色（其 C、M、Y、K 的值分别为 6、16、2、0），填充图形并设置描边色为无，效果如图 3-35 所示。在属性栏中将"不透明度"选项设为 33，效果如图 3-36 所示。

图 3-35　　　　　　　　　图 3-36

步骤 2 选择"选择"工具 ▶，选取圆形，按<Ctrl>+<C>组合键，复制图形，按<Ctrl>+<F>组合键，将复制的图形粘贴在前面。按住<Shift>+<Alt>组合键的同时，向内拖曳鼠标，等比例缩小图形。设置填充色为粉色（其 C、M、Y、K 的值分别为 18、34、3、0），填充图形并设置描边色为无，效果如图 3-37 所示。在属性栏中将"不透明度"选项设为 52，按<Enter>键，效果如图 3-38 所示。用相同的方法再复制一个圆形，设置填充色为紫色（其 C、M、Y、K 的值分别为 20、36、4、0），填充图形并设置描边色为无，效果如图 3-39 所示。

图 3-37

图 3-38

图 3-39

步骤 3 选择"选择"工具 ，用圈选的方法将所绘制的圆形同时选取，按<Ctrl>+<G>组合键，将其编组，效果如图 3-40 所示。用相同的方法绘制多个编组圆形，并分别填充适当的颜色，效果如图 3-41 所示。

步骤 4 选择"选择"工具 ，用圈选的方法将所绘制的圆形同时选取，按<Ctrl>+<G>组合键，将其编组，效果如图 3-42 所示。拖曳编组图形到适当的位置并调整其大小，效果如图 3-43 所示。

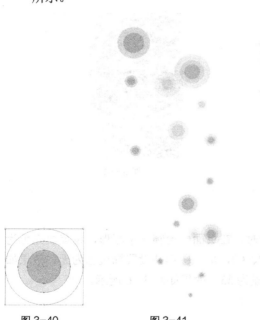

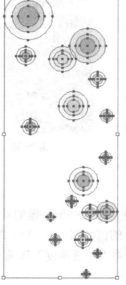

图 3-40   图 3-41   图 3-42   图 3-43

5. 制作人物底图

步骤 1 选择"椭圆"工具 ，按住<Shift>键的同时，绘制一个圆形，设置填充色为黄色（其 C、M、Y、K 的值分别为 4、2、37、0），填充图形，效果如图 3-44 所示。设置描边色为洋红色（其 C、M、Y、K 的值分别为 13、96、16、0），填充图形描边，在属性栏中将"描边粗细"选项设置为 10，效果如图 3-45 所示。

图 3-44   图 3-45

步骤 2 打开光盘中的"Ch03 > 素材 > 请柬正面设计 > 01"文件，按<Ctrl>+<A>组合键，将所有图形选取，按<Ctrl>+<C>组合键，复制图形。选择正在编辑的页面，按<Ctrl>+<V>组合键，将其粘贴到页面中，拖曳到适当的位置并调整其大小，效果如图 3-46 所示。选择"钢笔"工具 ，在人物图形上绘制一个图形，如图 3-47 所示。

图 3-46   图 3-47

步骤 3 选择"选择"工具 ，按住<Shift>键的同时，选中人物图形，如图 3-48 所示。选择"对象 > 剪切蒙版 > 建立"命令，制作人物图形的蒙版效果，取消人物的选取状态，效果如图 3-49 所示。

图 3-48   图 3-49

提 示   在制作蒙版效果时，必须将作为蒙版的图形放在图像的上面。位于上面的选定对象必须是路径、复合形状、文本对象或由这些构成的组。

6. 添加并编辑文字

步骤 1 选择"直排文字"工具 ，在页面中输入需要的文字。选择"选择"工具 ，在属性

中等职业教育数字艺术类规划教材

栏中选择合适的字体并设置文字大小。设置填充色为军绿色（其 C、M、Y、K 的值分别为 61、53、100、9），填充文字，取消文字的选取状态，效果如图 3-50 所示。拖曳文字到适当的位置，按<Alt>+<↓>组合键，调整文字行距，效果如图 3-51 所示。

步骤 2 按<Ctrl>+<Shift>+<O>组合键，将文字转换为轮廓，设置描边色为白色，选择"窗口 > 描边"命令，弹出"描边"控制面板，并在"对齐描边"选项组中单击"使描边外侧对齐"按钮，其他选项的设置如图 3-52 所示，文字效果如图 3-53 所示。

图 3-50　　　　图 3-51　　　　图 3-52　　　　图 3-53

步骤 3 选择"效果 > 风格化 > 投影"命令，弹出"投影"对话框，将投影颜色设为洋红色（其 C、M、Y、K 的值分别为 11、94、22、0），其他选项的设置如图 3-54 所示，单击"确定"按钮，效果如图 3-55 所示。

图 3-54　　　　图 3-55

7. 绘制标志图形

步骤 1 选择"星形"工具，在页面中单击，弹出"星形"对话框，在对话框中进行设置，如图 3-56 所示，单击"确定"按钮，得到一个星形。设置填充色为军绿色（其 C、M、Y、K 的值分别为 60、53、100、8），填充图形，并设置描边色为无，效果如图 3-57 所示。

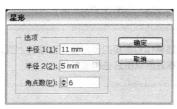

图 3-56　　　　图 3-57

步骤 2 双击"旋转"工具，弹出"旋转"对话框，选项的设置如图 3-58 所示，单击"确定"

按钮，效果如图 3-59 所示。选择 "椭圆" 工具 ⬭，在适当的位置绘制一个椭圆形，设置填充色为洋红色（其 C、M、Y、K 的值分别为 12、95、27、0），填充图形，设置描边色为军绿色（其 C、M、Y、K 的值分别为 60、53、100、8），为图形填充描边，并在属性栏中将 "描边粗细" 选项设置为 5，效果如图 3-60 所示。

图 3-58

图 3-59

图 3-60

步骤 3　选择 "椭圆" 工具 ⬭，在适当的位置绘制一个椭圆形，填充图形为白色并设置描边色为无，效果如图 3-61 所示。按<Ctrl>+<C>组合键，复制图形，在属性栏中将 "不透明度" 选项设为 50，效果如图 3-62 所示。

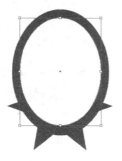
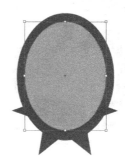

图 3-61　　　　　　　　图 3-62

步骤 4　选择 "窗口 > 透明度" 命令，弹出 "透明度" 控制面板，单击面板右上方的图标 ▾☰，并在弹出的下拉菜单中选择 "建立不透明蒙版" 命令，取消 "剪切" 复选框的勾选，单击 "编辑不透明蒙版" 缩览图，如图 3-63 所示。

步骤 5　按<Ctrl>+<F>组合键，将复制的图形粘贴在前面。双击 "渐变" 工具 ▦，弹出 "渐变" 控制面板，将渐变色设为从白色到黑色，其他选项的设置如图 3-64 所示。在椭圆上由上至下拖曳渐变，松开鼠标，建立半透明效果，如图 3-65 所示。在 "透明度" 控制面板中，单击 "停止编辑不透明蒙版" 缩览图，如图 3-66 所示，效果如图 3-67 所示。

图 3-63

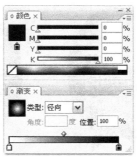

图 3-64

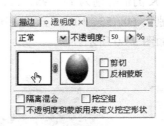

图 3-65　　　　　　　　图 3-66　　　　　　　　　图 3-67

步骤 6 选择"选择"工具 ，选中人物图形左侧的编组图形，如图 3-68 所示。按住<Alt>键的同时，将其拖曳到椭圆标志上，复制图形。在复制的图形上单击鼠标右键，并在弹出的快捷菜单中选择"排列 > 置于顶层"命令，将图形置于最顶层。按<Ctrl>+<Shift>+<G>组合键，取消图形编组。分别选中需要的图形，拖曳到适当的位置并调整其大小。选中不需要的图形，按<Delete>键，将其删除，效果如图 3-69 所示。

图 3-68　　　　　　　　　　　　图 3-69

步骤 7 选择"文字"工具 T，在椭圆标志上分别输入需要的白色文字。选择"选择"工具 ，分别选中文字，在属性栏中选择合适的字体并设置文字大小，文字效果如图 3-70 所示。用圈选的方法将制作好的标志同时选取，按<Ctrl>+<G>组合键，将其编组，效果如图 3-71 所示。拖曳标志图形到适当的位置并调整其大小，效果如图 3-72 所示。至此，请柬正面设计制作完成。

步骤 8 按<Ctrl>+<S>组合键，弹出"存储为"对话框，将其命名为"请柬正面"，保存为 AI 格式，单击"保存"按钮，将图像保存。

图 3-70　　　　　　　　图 3-71　　　　　　　　图 3-72

3.2 请柬背面设计

3.2.1 【案例分析】

请柬的背面设计要求与正面设计统一而又有所区别，要在展示出时尚感的同时，更能突出宣传主题和设计特色。

3.2.2 【设计理念】

使用粉红到兰紫的渐变达到与正面背景的统一。通过对文字与图形的编辑，使宣传的主题更加醒目突出，既与正面设计相区别，又增加了直观和别致感，展示出优雅高贵的形象。整体设计简洁清晰，主题突出。（最终效果参看光盘中的"Ch03 > 效果 > 请柬背面设计 > 请柬背面"，如图 3-73 所示。）

图 3-73

3.2.3 【操作步骤】

Photoshop 应用

1. 绘制渐变背景

步骤 1 按<Ctrl>+<N>组合键，新建一个文件：宽为 12cm，高为 20cm，分辨率为 300 像素/英寸，颜色模式为 RGB，背景内容为白色。

步骤 2 选择"渐变"工具 ，单击属性栏中的"点按可编辑渐变"按钮 ，弹出"渐变编辑器"对话框，将渐变色设为从紫色（其 R、G、B 的值分别为 140、57、129）到洋红色（其 R、G、B 的值分别为 235、47、114），如图 3-74 所示，单击"确定"按钮。在背景中由下至上拖曳渐变色，松开鼠标，效果如图 3-75 所示。

图 3-74   图 3-75

2. 定义图案

步骤 ⬜1 新建图层生成"图层 1"。单击"背景"图层左侧的眼睛图标🔲，隐藏图层。将前景色设为白色。选择"自定形状"工具🔲，在属性栏中单击"形状"选项右侧的按钮·，并在弹出的"形状"面板中选中图形"红桃"，如图 3-76 所示。单击属性栏中的"填充像素"按钮🔲，在图像窗口中绘制一个白色桃心，效果如图 3-77 所示。选择"矩形选框"工具🔲，在图像窗口中绘制矩形选区，如图 3-78 所示。

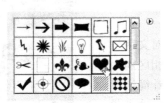

图 3-76　　　　　　　图 3-77　　　　　　　图 3-78

步骤 ⬜2 选择"编辑 > 定义图案"命令，弹出如图 3-79 所示的对话框，单击"确定"按钮，定义图案。在"图层"控制面板中，单击"背景"图层左侧的空白图标🔲，显示图层。按<Delete>键，删除选区中的内容。按<Ctrl>+<D>组合键，取消选区。删除"图层 1"。单击"图层"控制面板下方的"创建新的填充或调整图层"按钮 🔲，在弹出的下拉菜单中选择"图案"命令，在"图层"控制面板中生成"图案填充 1"图层，同时弹出"图案填充"对话框，选项的设置如图 3-80 所示，单击"确定"按钮，效果如图 3-81 所示。

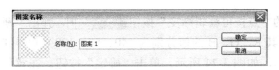

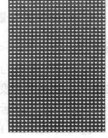

图 3-79　　　　　　　　　图 3-80　　　　　　　　图 3-81

步骤 ⬜3 在"图层"控制面板中将"图案填充 1"图层的"不透明度"选项设为 20，如图 3-82 所示，效果如图 3-83 所示。

图 3-82　　　　　　　图 3-83

步骤 4 新建图层并将其命名为"描边"。按<Ctrl>+A>组合键,在图像窗口中生成选区,效果如图 3-84 所示。选择"编辑 > 描边"命令,在弹出的对话框中进行设置,如图 3-85 所示,单击"确定"按钮,填充描边。按<Ctrl>+<D>组合键,取消选区,效果如图 3-86 所示。请柬背面设计制作完成。按<Ctrl>+<Shift>+<E>组合键,合并可见图层。按<Ctrl>+<S>组合键,弹出"存储为"对话框,将其命名为"请柬背面底图",保存为 TIFF 格式,单击"保存"按钮,弹出"TIFF 选项"对话框,单击"确定"按钮,将图像保存。

图 3-84   图 3-85   图 3-86

Illustrator 应用

3. 绘制装饰心形

步骤 1 打开 Illustrator CS3 软件,按<Ctrl>+<N>组合键,弹出"新建文档"对话框,选项的设置如图 3-87 所示,单击"确定"按钮,新建一个文档。选择"文件 > 置入"命令,弹出"置入"对话框,选择光盘中的"Ch03 > 效果 > 请柬背面设计 > 请柬背面底图"文件,单击"置入"按钮,将图片置入到页面中,并在属性栏中单击"嵌入"按钮,将图片嵌入。选择"选择"工具 ,拖曳图片到适当的位置,效果如图 3-88 所示。选择"钢笔"工具 ,在页面中绘制一个心形,如图 3-89 所示。

图 3-87   图 3-88   图 3-89

步骤 2 双击"渐变"工具 ,弹出"渐变"控制面板,选中色带左侧的渐变滑块,将"位置"选项设为 23,颜色设为白色;选中右侧的渐变滑块,设置 CMYK 值分别为:19、77、18、0,

选中色带上方的滑块，将"位置"选项设为 64，其他选项的设置如图 3-90 所示。图形被填充渐变色，并设置描边色为无，效果如图 3-91 所示。

步骤 3 按<Ctrl>+<C>组合键，复制图形，按<Ctrl>+<F>组合键，将复制的图形粘贴在前面，并调整其大小，填充图形描边色为白色，在属性栏中将"描边粗细"选项设为 1，"不透明度"选项设为 40，效果如图 3-92 所示。

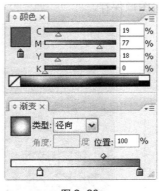

图 3-90

图 3-91

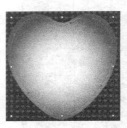

图 3-92

4. 绘制花图形

步骤 1 选择"椭圆"工具 ，在页面中绘制一个椭圆形，如图 3-93 所示。用相同的方法再绘制一个椭圆形，如图 3-94 所示。选择"选择"工具 ，用圈选的方法将两个椭圆形同时选取。选择"窗口 > 路径查找器"命令，弹出"路径查找器"控制面板，单击"与形状区域相交"按钮 ，如图 3-95 所示，生成新的对象。再单击"扩展"按钮 扩展 ，效果如图 3-96 所示。

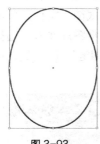

图 3-93

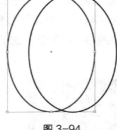

图 3-94

图 3-95

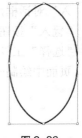

图 3-96

步骤 2 在"渐变"控制面板中的色带上设置 3 个渐变滑块，分别将渐变滑块的位置设为 0、61、100，并设置 CMYK 的值分别为：0（11、69、8、0）、61（14、22、2、0）、100（10、2、1、0），其他选项的设置如图 3-97 所示。在图形上由中部向上方拖曳渐变，图形被填充渐变色，并设置描边色为无，效果如图 3-98 所示。

步骤 3 选择"选择"工具 ，按<Ctrl>+<C>组合键，复制图形，按<Ctrl>+<F>组合键，将复制的图形粘贴在前面。按住<Shift>+<Alt>组合键的同时，向内拖曳控制手柄，等比例缩小图形，并将其拖曳到适当的位置，效果如图 3-99 所示。在"渐变"控制面板中的色带上设置 3 个渐变滑块，分别将渐变滑块的位置设为 0、60、100，并设置 CMYK 的值分别为：0（89、94、51、24）、60（18、50、5、0）、100（11、24、2、0），其他选项的设置如图 3-100 所示，图形被填充渐变色，效果如图 3-101 所示。

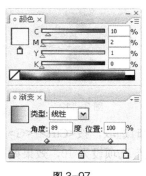

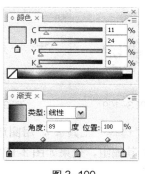

图 3-97　　　　　　　图 3-98　　　　　图 3-99　　　　　　图 3-100　　　　　　图 3-101

步骤 4　选择"钢笔"工具 ，在适当的位置绘制一个图形，如图 3-102 所示。在"渐变"控制面板中的色带上选中左侧的渐变滑块，将其设为白色，选中右侧的渐变滑块，设置 CMYK 的值分别为：22、44、12、0，其他选项的设置如图 3-103 所示。图形被填充渐变色，并设置描边色为无，效果如图 3-104 所示。

图 3-102　　　　　　　图 3-103　　　　　　图 3-104

步骤 5　选择"选择"工具 ，选取图形，并在属性栏中将"不透明度"选项设为 38，效果如图 3-105 所示。双击"混合"工具 ，在弹出的对话框中进行设置，如图 3-106 所示，单击"确定"按钮。分别在两个渐变图形上单击，效果如图 3-107 所示。

图 3-105　　　　　　　图 3-106　　　　　　图 3-107

步骤 6　选择"选择"工具 ，用圈选的方法将刚绘制的图形同时选取，按<Ctrl>+<G>组合键，将其编组，效果如图 3-108 所示。选择"旋转"工具 ，在混合图形下方适当的位置单击，添加旋转中心点，如图 3-109 所示。按住<Alt>键的同时，单击旋转中心点，弹出"旋转"对话框，选项的设置如图 3-110 所示，单击"复制"按钮，效果如图 3-111 所示。按住<Ctrl>键的同时，连续按<D>键，复制出两个图形，效果如图 3-112 所示。

图 3-108　　　图 3-109　　　　　图 3-110　　　　　图 3-111　　　　　图 3-112

步骤 7 选择"选择"工具 ，用圈选的方法将原图形和复制的图形同时选取，按<Ctrl>+<G>组合键，将其编组，效果如图 3-113 所示。在属性栏中将"不透明度"选项设为 70，效果如图 3-114 所示。

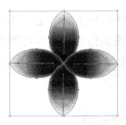 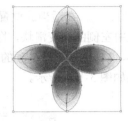

图 3-113　　　　　　　图 3-114

步骤 8 双击"旋转"工具 ，在弹出的对话框中进行设置，如图 3-115 所示，单击"复制"按钮，效果如图 3-116 所示。在复制的图形上单击鼠标右键，并在弹出的快捷菜单中选择"排列 > 置于底层"命令，将复制的图形置于底层。选择"选择"工具 ，按住<Alt>+<Shift>组合键的同时，向外拖曳控制手柄，将图形等比例放大，效果如图 3-117 所示。

  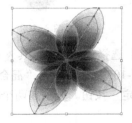

图 3-115　　　　　　　图 3-116　　　　　　　图 3-117

步骤 9 双击"旋转"工具 ，在弹出的对话框中进行设置，如图 3-118 所示，单击"复制"按钮，效果如图 3-119 所示。在复制的图形上单击鼠标右键，并在弹出的快捷菜单中选择"排列 > 置于底层"命令，将复制的图形置于底层。在属性栏中将"不透明度"选项设为 100，选择"选择"工具 ，按住<Alt>+<Shift>组合键的同时，向外拖曳控制手柄，将图形等比例放大，效果如图 3-120 所示。

  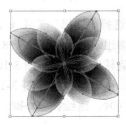

图 3-118　　　　　　　图 3-119　　　　　　　图 3-120

步骤 10　双击"旋转"工具 ，在弹出的对话框中进行设置，如图 3-121 所示，单击"复制"按钮，效果如图 3-122 所示。在复制的图形上单击鼠标右键，并在弹出的快捷菜单中选择"排列 > 置于底层"命令，将复制的图形置于底层。选择"选择"工具 ，按住<Alt>+<Shift>组合键的同时，向外拖曳控制手柄，将图形等比例放大，效果如图 3-123 所示。

图 3-121　　　　　　　　　　图 3-122　　　　　　　　　　图 3-123

步骤 11　选择"选择"工具 ，用圈选的方法将花形同时选取，按<Ctrl>+<G>组合键，将其编组，效果如图 3-124 所示。拖曳图形到适当的位置并调整其大小，效果如图 3-125 所示。选中编组图形，按住<Alt>键的同时，拖曳图形到适当的位置，复制图形并调整其大小，效果如图 3-126 所示。

图 3-124　　　　　　　　　　图 3-125　　　　　　　　　　图 3-126

步骤 12　选择"选择"工具 ，按住<Shift>键的同时，选取两个的编组图形，如图 3-127 所示。在编组图形上单击鼠标右键，并在弹出的快捷菜单中选择"排列 > 后移一层"命令，将图形后移一层，取消图形的选取状态，效果如图 3-128 所示。

图 3-127　　　　　　　　　　　　　图 3-128

5.　添加并编辑广告语

步骤 1　为了便于读者观看，选择"矩形"工具 ，在页面中绘制一个蓝色的矩形。选择"文字"工具 T ，在矩形上输入需要的白色文字。选择"选择"工具 ，在属性栏中选择合适

边做边学——Photoshop+Illustrator 综合实训教程

的字体并设置文字大小,按<Ctrl>+<Shift>+<O>组合键,将文字转换为轮廓,效果如图3-129所示。选择"效果 > 扭曲和变换 > 自由扭曲"命令,弹出"自由扭曲"对话框,分别拖曳左下方和右上方的控制点到适当的位置,如图3-130所示,单击"确定"按钮,效果如图3-131所示。

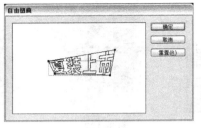

图3-129　　　　　　图3-130　　　　　　图3-131

步骤 2 设置描边色为粉红色(其 C、M、Y、K 的值分别为 18、72、16、0),填充文字描边。选择"窗口 > 描边"命令,弹出"描边"控制面板,单击"圆角连接"按钮,并在"对齐描边"选项组中,单击"使描边外侧对齐"按钮,其他选项的设置如图3-132所示,文字效果如图3-133所示。

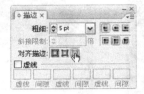

图3-132　　　　　　　　图3-133

步骤 3 选择"选择"工具,选中文字,按住<Alt>键的同时,拖曳文字到适当的位置复制文字,设置描边色为深红色(其 C、M、Y、K 的值分别为 49、99、100、26),填充文字描边,效果如图3-134所示。用相同的方法再复制文字,设置描边色为红色(其 C、M、Y、K 的值分别为 19、95、90、0),填充文字描边,效果如图3-135所示。

步骤 4 选择"选择"工具,选取蓝色的底图,按<Delete>键,将其删除。用圈选的方法将所有文字同时选取,按<Ctrl>+<G>组合键,将其编组,效果如图3-136所示。拖曳编组文字到适当的位置并调整其大小,效果如图3-137所示。

图3-134　　　　　图3-135　　　　　图3-136　　　　　图3-137

6. 添加焰火图形

步骤 1 选择"窗口 > 符号库 > 庆祝"命令,弹出"庆祝"控制面板,选择需要的符号,如

46

图 3-138 所示，将其拖曳到页面中，效果如图 3-139 所示。在符号上单击鼠标右键，并在弹出的快捷菜单中选择"断开符号链接"命令，效果如图 3-140 所示。

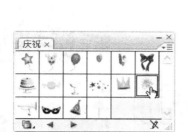

| 图 3-138 | 图 3-139 | 图 3-140 |

步骤 ② 设置填充色为黄色（其 C、M、Y、K 的值分别为 11、7、84、0），填充图形，效果如图 3-141 所示。选择"选择"工具 ，拖曳符号图形到心形图形上适当的位置并调整其大小，效果如图 3-142 所示。

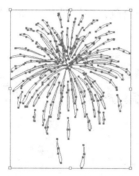

| 图 3-141 | 图 3-142 |

7. 添加并编辑文字

步骤 ① 选择"文字"工具 T，在页面中输入需要的黄色文字（其 C、M、Y、K 的值分别为 11、7、88、0），填充文字。选择"选择"工具 ，在属性栏中选择合适的字体并设置文字大小，文字效果如图 3-143 所示。选择"效果 > 扭曲和变换 > 自由扭曲"命令，弹出"自由扭曲"对话框，分别将需要的控制点拖曳到适当的位置，如图 3-144 所示，单击"确定"按钮，效果如图 3-145 所示。

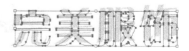

| 图 3-143 | 图 3-144 | 图 3-145 |

步骤 ② 设置描边色为深红色（其 C、M、Y、K 的值分别为 47、100、99、20），填充文字描边。

选择"描边"控制面板，在"对齐描边"选项组中，单击"使描边外侧对齐"按钮□，其他选项的设置如图 3-146 所示，文字效果如图 3-147 所示。选择"选择"工具 ▶，拖曳文字到适当的位置并调整其大小，效果如图 3-148 所示。

| 图 3-146 | 图 3-147 | 图 3-148 |

步骤 3 用相同的方法制作文字"完美女人"，效果如图 3-149 所示。选择"钢笔"工具 ♦，在适当的位置绘制两个图形，如图 3-150 所示。选择"选择"工具 ▶，按住<Shift>键的同时，单击刚刚绘制的两个图形将其同时选取。设置填充色为粉红色（其 C、M、Y、K 的值分别为 15、64、11、0），填充图形，并设置描边色为白色，在属性栏中将"描边粗细"选项设为 1，效果如图 3-151 所示。

| 图 3-149 | 图 3-150 | 图 3-151 |

8. 制作透明圆形

步骤 1 选择"椭圆"工具 ○，按住<Shift>键的同时，在适当的位置绘制一个圆形，将圆形填充为白色并设置描边色为无，效果如图 3-152 所示。

图 3-152

步骤 2 选择"选择"工具 ▶，按<Ctrl>+<C>组合键，复制一个圆形。选择"窗口 > 透明度"命令，弹出"透明度"控制面板，单击面板右上方的图标 ▾≡，并在弹出的下拉菜单中选择

"建立不透明蒙版"命令，取消"剪切"复选框的勾选，单击"编辑不透明蒙版"缩览图，如图 3-153 所示。

步骤 3　按<Ctrl>+<F>组合键，将复制的图形粘贴在前面。在"渐变"控制面板中，将渐变色设为从黑色到白色，选中左侧的渐变滑块，将"位置"选项设为 16，其他选项的设置如图 3-154 所示。在圆形上由中部向圆外拖曳渐变，建立半透明效果，如图 3-155 所示。在"透明度"控制面板中，单击"停止编辑不透明蒙版"缩览图，将"不透明度"选项设为 80，如图 3-156 所示，效果如图 3-157 所示。

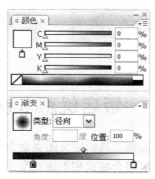
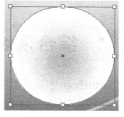

| 图 3-153 | 图 3-154 | 图 3-155 |

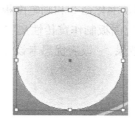

| 图 3-156 | 图 3-157 |

步骤 4　选择"选择"工具，选中圆形，按住<Alt>键的同时，将其拖曳到适当的位置，复制一个圆形，并调整圆形的大小，效果如图 3-158 所示。连续按<Ctrl>+<[>组合键，将其置到三角图形的后面，效果如图 3-159 所示。

| 图 3-158 | 图 3-159 |

步骤 5　选择"直线段"工具，按住<Shift>键的同时，在适当的位置绘制一条斜线，设置描边色为白色，并在属性栏中将"描边粗细"选项设为 7，将"不透明度"选项设为 50，效果如图 3-160 所示。请柬背面设计制作完成，如图 3-161 所示。按<Ctrl>+<S>组合键，弹出"存储为"对话框，将其命名为"请柬背面"，保存为 AI 格式，单击"保存"按钮，将图像保存。

图 3-160 图 3-161

3.3 综合演练——饭店优惠卡设计

在 Photoshop 中，使用矩形选框工具和定义图案命令制作十字形图案。使用图案填充命令、图层混合模式和不透明度命令制作背景网格。在 Illustrator 中，使用文字工具、创建剪切蒙版命令制作背景文字。使用椭圆工具、羽化命令和画笔面板制作标志文字装饰背景。使用矩形工具和画笔面板制作宣传性文字装饰框。（最终效果参看光盘中的"Ch03 > 效果 > 饭店优惠卡设计 > 饭店优惠卡"，如图 3-162 所示。）

图 3-162

3.4 综合演练——新年贺卡设计

在 Illustrator 中，使用钢笔工具和渐变工具绘制贺卡底图。使用不透明命令制作曲线效果。使用椭圆工具和钢笔工具绘制雪人图形。使用符号库命令添加装饰图形。在 Photoshop 中，使用横排文字工具添加祝福文字。使用栅格化和图层样式命令制作文字效果。（最终效果参看光盘中的"Ch03 > 效果 > 新年贺卡设计 > 新年贺卡"，如图 3-163 所示。）

图 3-163

第4章 书籍装帧设计

精美的书籍装帧设计可以带给读者更多的阅读乐趣。一本好书是好的内容和书籍装帧的完美结合。本章主要讲解的是封面设计。封面设计包括书名、色彩、装饰元素、作者和出版社名称等内容。本章以散文诗书籍封面设计为例，讲解封面的设计方法和制作技巧。

 课堂学习目标 ——————————————————————————

- 在 Photoshop 软件中制作封面设计底图
- 在 Illustrator 软件中添加装饰图形和出版信息

4.1 散文诗书籍封面设计

4.1.1 【案例分析】

本例制作的是一本散文诗的书籍装帧设计，书名是《掌握属于自己的幸福》，书的内容是作者自己的一些人生感悟。在封面设计上要通过对图形和文字的合理编排，展现出放松、梦幻、回忆的氛围。

4.1.2 【设计理念】

通过黄色到橙色的渐变，营造出美好、欢快的氛围，给人带来心理上的满足，展现出喜悦和幸福感。绿色的草地、树木和人物等卡通形象的添加，增加了生机勃勃的活力，同时引发人们去追忆逝去的美好时光，让人感觉亲切而温馨。文字的编排也显得活泼而欢快，与主题相呼应。（最终效果参看光盘中的"Ch04 > 效果 > 散文诗书籍封面设计 >散文诗书籍封面"，如图4-1所示。）

图4-1

中等职业教育数字艺术类规划教材

4.1.3 【操作步骤】

Photoshop 应用

1. 绘制背景渐变

步骤 1 按<Ctrl>+<N>组合键，新建一个文件：宽度为 36.1cm，高度为 25.6cm，分辨率为 300 像素/英寸，颜色模式为 RGB，背景内容为白色。选择"视图 > 新建参考线"命令，弹出"新建参考线"对话框，选项的设置如图 4-2 所示，单击"确定"按钮，效果如图 4-3 所示。用相同的方法，在 25.3cm 处新建一条水平参考线，效果如图 4-4 所示。

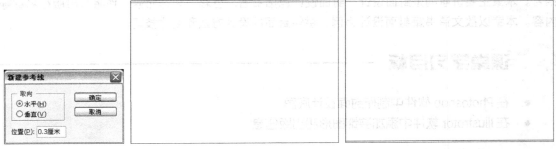

图 4-2　　　　　　　　　　图 4-3　　　　　　　　　　图 4-4

步骤 2 选择"视图 > 新建参考线"命令，弹出"新建参考线"对话框，选项的设置如图 4-5 所示，单击"确定"按钮，效果如图 4-6 所示。用相同的方法，在 17.3cm、18.8cm 和 35.8cm 处新建垂直参考线，效果如图 4-7 所示。

图 4-5　　　　　　　　　　图 4-6　　　　　　　　　　图 4-7

步骤 3 单击"图层"控制面板下方的"创建新图层"按钮 ，生成新的图层并将其命名为"形状渐变"。选择"圆角矩形"工具 ，单击属性栏中的"路径"按钮 ，将"半径"选项设为 1.5cm，在图像窗口的右侧绘制一个圆角矩形路径，效果如图 4-8 所示。

步骤 4 选择"矩形"工具 ，单击属性栏中的"从路径区域减去（-）"按钮 ，在圆角矩形路径的左侧绘制一个矩形路径，将矩形路径的右边线于 18.8cm 的参考线重合，效果如图 4-9 所示。

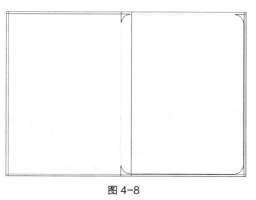

图 4-8

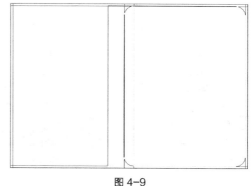

图 4-9

提　示　在同一工作路径图层中，如果有两个或两个以上路径时，可将它们以不同的方式进行组合。方法 1 是，选择"路径选择"工具 ，选取一条路径，并在 4 种组合方式 中选择一种路径组合方式，单击"组合"按钮，即可得到组合后的效果。方法 2 是，在绘制之前，先选取需要的组合方式，在图像窗口中绘制完成后，按<Ctrl>+<Enter>组合键，将组合后的路径转化为选区。

步骤 5　按<Ctrl>+<Enter>组合键，将路径转换为选区。选择"渐变"工具 ，单击属性栏中的"点按可编辑渐变"按钮 ，弹出"渐变编辑器"对话框，将渐变色设为从黄色（其 R、G、B 的值分别为 255、252、0）到深黄色（其 R、G、B 的值分别为 255、110、2），如图 4-10 所示，单击"确定"按钮。按住<Shift>键的同时，在选区中由上至下拖曳渐变，效果如图 4-11 所示。按<Ctrl>+<D>组合键，取消选区。

图 4-10

图 4-11

步骤 6　将"形状渐变"图层拖曳到控制面板下方的"创建新图层"按钮 上进行复制，生成新的图层"形状渐变 副本"，如图 4-12 所示。选择"移动"工具 ，按住<Shift>键的同时，选中复制的图形向左拖曳到适当的位置，效果如图 4-13 所示。按<Ctrl>+<T>组合键，在图形周围出现变换框，在变换框中单击鼠标右键，并在弹出的快捷菜单中选择"水平翻转"命令，水平翻转复制的图形，按<Enter>键确认操作，效果如图 4-14 所示。

边做边学——Photoshop+Illustrator 综合实训教程

中等职业教育数字艺术类规划教材

图 4-12

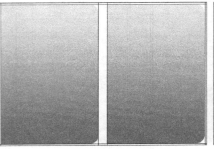

图 4-13

图 4-14

2. 绘制草地

步骤 1 新建图层并将其命名为"草地 1"。将前景色设为绿色（其 R、G、B 的值分别为 36、119、0），背景色设为淡绿色（其 R、G、B 的值分别为 67、187、58）。选择"画笔"工具 ✐，在属性栏中单击"画笔"选项右侧的按钮 ▾，并在弹出的画笔选择面板中选择需要的画笔形状，其他选项的设置如图 4-15 所示。在图像窗口的右下方拖曳鼠标绘制草地，效果如图 4-16 所示。

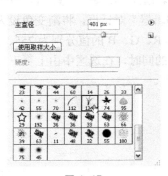

图 4-15

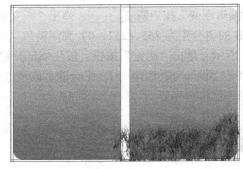

图 4-16

步骤 2 再次单击属性栏中"画笔"选项右侧的按钮 ▾，并在弹出的画笔选择面板中选择需要的画笔形状，其他选项的设置如图 4-17 所示。在图像窗口的右下方草地上拖曳鼠标，再次绘制草地图形，效果如图 4-18 所示。

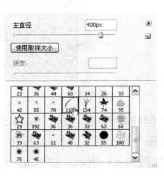

图 4-17

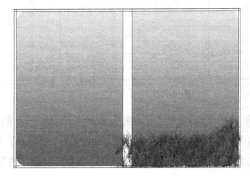

图 4-18

步骤 3 选择"圆角矩形"工具 ▢，在图像窗口的右下方绘制一个圆角矩形路径，将圆角矩形路径的右边线与 35.8cm 处的参考线重合、下边线与 25.3cm 处的参考线重合，如图 4-19 所示。

按<Ctrl>+<Enter>组合键，将路径转换为选区。按<Shift>+<Ctrl>+<I>组合键，将选区反选。按<Delete>键，删除选区中的内容，如图 4-20 所示。按<Ctrl>+<D>组合键，取消选区。

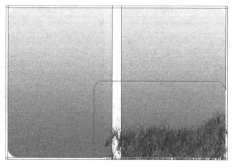

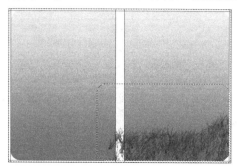

图 4-19　　　　　　　　　　　　　　　　　图 4-20

步骤 4　选择"矩形选框"工具 ，在小草的左侧绘制一个矩形选区，将矩形选区的右边线与 18.8cm 处的参考线重合，下边线与 25.3cm 处参考线重合，按<Delete>键，删除选区中的内容，如图 4-21 所示。按<Ctrl>+<D>组合键，取消选区。

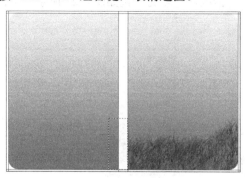

图 4-21

步骤 5　新建图层并将其命名为"草地 2"。使用相同的方法在图像窗口左侧绘制草地图形，如图 4-22 所示。选择"圆角矩形"工具 ，在图像窗口的左下方绘制一个圆角矩形路径，如图 4-23 所示。按<Ctrl>+<Enter>组合键，将路径转换为选区。按<Shift>+<Ctrl>+<I>组合键，将选区反选。按<Delete>键，删除选区中的内容，如图 4-24 所示。按<Ctrl>+<D>组合键，取消选区。选择"矩形选框"工具 ，在草地右侧的适当位置绘制一个矩形选区，按<Delete>键，删除选区中的内容，如图 4-25 所示。按<Ctrl>+<D>组合键，取消选区。

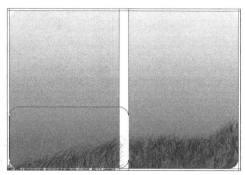

图 4-22　　　　　　　　　　　　　　　　　图 4-23

中等职业教育数字艺术类规划教材

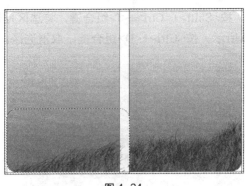

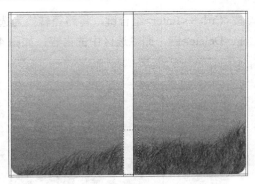

图 4-24 图 4-25

3. 绘制装饰圆点

步骤 1 新建图层并将其命名为"黄色圆形模糊"。选择"椭圆选框"工具 ，按住<Shift>键的同时，在图像窗口的右上方绘制一个圆形选区，如图 4-26 所示。按<Ctrl>+<Alt>+<D>组合键，弹出"羽化选区"对话框，选项的设置如图 4-27 所示，单击"确定"按钮。

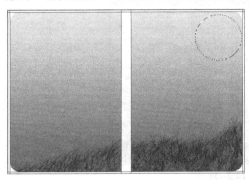

图 4-26 图 4-27

步骤 2 将前景色设为黄色（其 R、G、B 的值分别为 248、255、55），按<Alt>+<Delete>组合键，用前景色填充选区，效果如图 4-28 所示。按<Ctrl>+<D>组合键，取消选区。

图 4-28

步骤 3 新建图层并将其命名为"白色圆形模糊"。选择"椭圆选框"工具 ，按住<Shift>键的同时，在黄色圆形上绘制一个圆形选区，如图 4-29 所示。按<Ctrl>+<Alt>+<D>组合键，弹出"羽化选区"对话框，选项的设置如图 4-30 所示，单击"确定"按钮。将前景色设为白色，按<Alt>+<Delete>组合键，用前景色填充选区，如图 4-31 所示。按<Ctrl>+<D>组合键，取消选区。

图 4-29

图 4-30

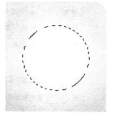
图 4-31

步骤 4 新建图层并将其命名为"画笔"。选择"画笔"工具 ，单击属性栏中的"切换画笔调板"按钮 ，弹出"画笔"控制面板，并选择"画笔笔尖形状"选项，弹出相应的面板，选项的设置如图 4-32 所示；选择"形状动态"选项，弹出相应的面板，选项的设置如图 4-33 所示；选择"散布"选项，弹出相应的面板，选项的设置如图 4-34 所示。在图像窗口中拖曳鼠标绘制装饰圆点，效果如图 4-35 所示。

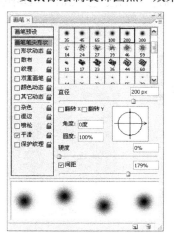
图 4-32

图 4-33

图 4-34

图 4-35

步骤 5 将"画笔"图层拖曳到控制面板下方的"创建新图层"按钮 上进行复制，生成新的图层"画笔 副本"，如图 4-36 所示。选择"移动"工具 ，选中复制的画笔向左拖曳到适当的位置，效果如图 4-37 所示。

边做边学——Photoshop+Illustrator 综合实训教程

图 4-36

图 4-37

4. 绘制边框图形

步骤 1 新建图层并将其命名为"矩形描边"。选择"矩形选框"工具 ，在图像窗口的左侧绘制一个矩形选区，如图 4-38 所示。选择"编辑 > 描边"命令，弹出"描边"对话框，将描边颜色设为白色，其他选项的设置如图 4-39 所示，单击"确定"按钮。按<Ctrl>+<D>组合键，取消选区，效果如图 4-40 所示。

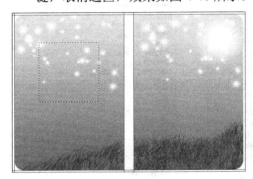

图 4-38

图 4-39

图 4-40

步骤 2 新建图层并将其命名为"矩形描边 2"。选择"矩形选框"工具 ，在矩形边框的左上方绘制一个矩形选区，如图 4-41 所示。选择"编辑 > 描边"命令，弹出"描边"对话框，将描边颜色设为白色，其他选项的设置如图 4-42 所示，单击"确定"按钮。按<Ctrl>+<D>组合键，取消选区，效果如图 4-43 所示。

图 4-41

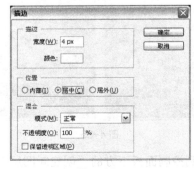

图 4-42

图 4-43

步骤 3 新建图层并将其命名为"矩形描边 3"。选择"矩形选框"工具 ，在矩形边框的右下方绘制一个矩形选区，如图 4-44 所示。选择"编辑 > 描边"命令，弹出"描边"对话框，其他选项的设置如图 4-45 所示，单击"确定"按钮。按<Ctrl>+<D>组合键，取消选区，效果如图 4-46 所示。

图 4-44　　　　　　　　　　图 4-45　　　　　　　　　　图 4-46

步骤 4　按<Ctrl>+<O>组合键，打开光盘中的"Ch04 > 素材 > 散文诗书籍封面设计 > 01"文件，选择"移动"工具 ，将图片拖曳到图像窗口的白色边框中，如图 4-47 所示。在"图层"控制面板中生成新的图层并将其命名为"图片"，如图 4-48 所示。

图 4-47　　　　　　　　　　图 4-48

步骤 5　封面设计底图效果制作完成，如图 4-49 所示。按<Ctrl>+<；>组合键，隐藏参考线。按<Ctrl>+<Shift>+<E>组合键，合并可见图层。按<Ctrl>+<S>组合键，弹出"存储为"对话框，将其命名为"封面设计底图"，保存为 TIFF 格式，单击"保存"按钮，弹出"TIFF 选项"对话框，单击"确定"按钮，将图像保存。

图 4-49

Illustrator **应用**

5. 添加并编辑标题文字

步骤 1 打开 Illustrator CS3 软件，按<Ctrl>+<N>组合键，弹出"新建文档"对话框，单击"横向"按钮 ⊞，页面显示为横向页面，其他选项的设置如图 4-50 所示，单击"确定"按钮，新建一个文档。

图 4-50

步骤 2 按<Ctrl>+<R>组合键，显示标尺。选择"选择"工具 ▶，在页面中拖曳一条水平参考线，选择"窗口 > 变换"命令，弹出"变换"面板，将"Y"值设为 25.3 cm，如图 4-51 所示，按<Enter>键，效果如图 4-52 所示。

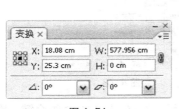

图 4-51   图 4-52

步骤 3 选择"选择"工具 ▶，在页面中再拖曳一条水平参考线，并在"变换"面板中，将"Y"值设为 0.3cm，如图 4-53 所示，按<Enter>键，效果如图 4-54 所示。

图 4-53   图 4-54

步骤 4 选择"选择"工具 ▶，在页面中拖曳一条垂直参考线，并在"变换"面板中，将"X"值设为 0.3cm，如图 4-55 所示，按<Enter>键，效果如图 4-56 所示。

图 4-55　　　　　　　　　　　　　　图 4-56

步骤 5　选择"选择"工具 ▶，在页面中拖曳一条垂直参考线，并在"变换"面板中将"X"值设为 17.3cm，如图 4-57 所示，按<Enter>键，效果如图 4-58 所示。用相同的方法再拖曳两个垂直参考线，分别将"X"值设为 18.8cm 和 35.8cm，效果如图 4-59 所示。

步骤 6　选择"文件 > 置入"命令，弹出"置入"对话框，选择光盘中的"Ch04 > 效果 > 散文诗书籍封面设计 > 封面设计底图"文件，单击"置入"按钮，将图片置入到页面中。在属性栏中单击"嵌入"按钮，嵌入图片。选择"选择"工具 ▶，拖曳图片到适当的位置，效果如图 4-60 所示。

图 4-57　　　　　　　　　　　　　　图 4-58

图 4-59　　　　　　　　　　　　　　图 4-60

步骤 7　选择"文字"工具 T，分别在页面中输入需要的文字。选择"选择"工具 ▶，分别在属性栏中选择合适的字体并设置文字大小，效果如图 4-61 所示。按住<Shift>键的同时，将所有文字同时选取，按<Ctrl>+<Shift>+<O>组合键，将文字转换为轮廓，效果如图 4-62 所示。

边做边学——Photoshop+Illustrator 综合实训教程

中等职业教育数字艺术类规划教材

设置文字填充色为红色（其 C、M、Y、K 的值分别为 15、100、90、10），填充文字，并设置描边色为白色，效果如图 4-63 所示。

| 图 4-61 | 图 4-62 | 图 4-63 |

步骤 8 选择"窗口 > 描边"命令，弹出"描边"控制面板，在"对齐描边"选项组中，单击"使描边外侧对齐"按钮，其他选项的设置如图 4-64 所示，文字效果如图 4-65 所示。

| 图 4-64 | 图 4-65 |

步骤 9 选择"选择"工具，选中文字"己"，填充文字为白色，效果如图 4-66 所示。选择"椭圆"工具，按住<Shift>键的同时，在"己"上绘制一个圆形，如图 4-67 所示。设置填充色为红色（其 C、M、Y、K 的值分别为 15、100、90、10），填充圆形并设置描边色为白色，在属性栏中将"描边粗细"选项设为 2，效果如图 4-68 所示。连续按<Ctrl>+<[>组合键，将其置到"己"字的下方，效果如图 4-69 所示。

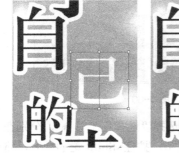

| 图 4-66 | 图 4-67 | 图 4-68 | 图 4-69 |

6. 绘制太阳光

步骤 1 为了便于读者观看，选择"矩形"工具 ，在页面中绘制一个蓝色的底图。选择"星形"工具 ，在页面中单击，弹出"星形"对话框，选项的设置如图 4-70 所示，单击"确定"按钮，得到一个星形。选择"选择"工具 ，拖曳星形到蓝色底图上，填充图形为白色并设置描边色为无，效果如图 4-71 所示。双击"旋转扭曲"工具 ，并在弹出的对话框中进行设置，如图 4-72 所示，单击"确定"按钮。在星形的中心单击，将图形旋转扭曲为需要的形状后，松开鼠标，效果如图 4-73 所示。选择"选择"工具 ，选中蓝色底图，按<Delete>键，将其删除。

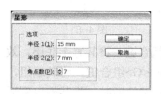

图 4-70　　　　　　图 4-71　　　　　　　　　图 4-72　　　　　　　　　图 4-73

提 示 在"旋转扭曲工具选项"对话框中，"全局画笔尺寸"选项组分别设置画笔的宽度、高度、角度和强度。"旋转扭曲选项"选项组中"旋转扭曲速率"选项可以控制扭曲变形的比例，"细节"复选框可以控制变形的细节程度，"简化"复选框可以控制变形的简化程度。

步骤 2 选择"选择"工具 ，拖曳扭曲图形到适当的位置并调整其大小，效果如图 4-74 所示。在属性栏中将"不透明度"选项设为 30，连续按<Ctrl>+<[>组合键，将图形置于文字的下方，效果如图 4-75 所示。

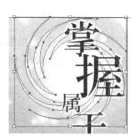

图 4-74　　　　　　　　图 4-75

7. 绘制树图形

步骤 1 选择"钢笔"工具 ，在页面中绘制一个图形，如图 4-76 所示。设置图形填充色为褐色（其 C、M、Y、K 的值分别为 52、95、100、35），填充图形，并设置描边色为无，效果如图 4-77 所示。

步骤 2 选择"椭圆"工具 ○，在适当的位置绘制一个椭圆形，如图 4-78 所示。设置图形填充色为淡绿色（其 C、M、Y、K 的值分别为 59、11、90、0），填充图形，并设置描边色为无，效果如图 4-79 所示。

步骤 3 选择"网格"工具 ⊠，在椭圆形的中心单击，添加网格点，如图 4-80 所示。设置网格点填充色为绿色（其 C、M、Y、K 的值分别为 79、42、99、5），填充网格点，效果如图 4-81 所示。

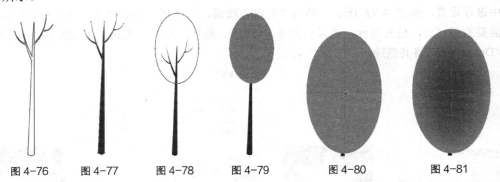

图 4-76　　　图 4-77　　　图 4-78　　　图 4-79　　　图 4-80　　　图 4-81

步骤 4 选择"选择"工具 ▶，选中椭圆形，按<Ctrl>+<Shift>+<[>组合键，将其置于底层，效果如图 4-82 所示。用圈选的方法取选绘制好的树图形，按<Ctrl>+<G>组合键，将其编组，拖曳到适当的位置并调整其大小，效果如图 4-83 所示。按住<Alt>键的同时，将其拖曳到适当的位置并调整其大小，效果如图 4-84 所示。

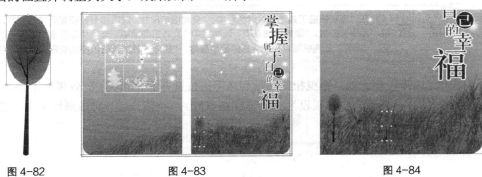

图 4-82　　　　　　　　图 4-83　　　　　　　　图 4-84

步骤 5 选择"钢笔"工具 ◊，在适当的位置绘制一个图形，如图 4-85 所示。填充图形为白色并设置描边色为无，效果如图 4-86 所示。

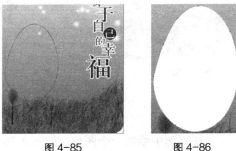

图 4-85　　　　　　　　图 4-86

步骤 6 选择"网格"工具 ⊠，在图形的右下方单击添加网格点，如图 4-87 所示。设置填充色为橘红色（其 C、M、Y、K 的值分别为 3、49、89、0），填充网格点，效果如图 4-88 所示。

在适当的位置再次单击添加网格点，如图 4-89 所示。设置填充色为黄色（其 C、M、Y、K 的值分别为 7、24、82、0），填充网格点，效果如图 4-90 所示。用相同的方法分别在适当的位置单击添加网格点并填充适当的颜色，效果如图 4-91 所示。

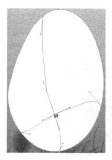 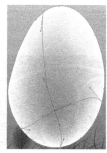 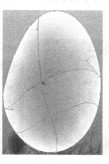 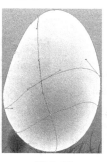 

图 4-87　　　　　　图 4-88　　　　　　图 4-89　　　　　　图 4-90　　　　　　图 4-91

步骤 **7** 选择"钢笔"工具 🖊，在适当的位置绘制一个图形，如图 4-92 所示。填充图形为白色并设置描边色为无，效果如图 4-93 所示。

步骤 **8** 选择"钢笔"工具 🖊，在适当的位置绘制一个图形，如图 4-94 所示。填充图形为白色并设置描边色为无，效果如图 4-95 所示。选择"网格"工具 🔲，在图形的右侧单击添加网格点，如图 4-96 所示。设置填充色为淡绿色（其 C、M、Y、K 的值分别为 33、0、74、0），填充网格点，效果如图 4-97 所示。按<Ctrl>+<[>组合键，后移到树干的下方，效果如图 4-98 所示。

 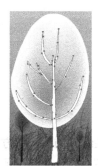  

图 4-92　　　　　　图 4-93　　　　　　图 4-94　　　　　　　　图 4-95

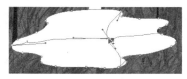 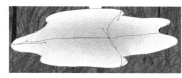 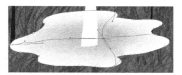

图 4-96　　　　　　　　　图 4-97　　　　　　　　　图 4-98

8. 绘制花图形

步骤 **1** 打开光盘中的"Ch04 > 素材 > 散文诗书籍封面设计 > 02"文件，按<Ctrl>+<A>组合键，将图形全选，按<Ctrl>+<C>组合键，复制图形。选择正在编辑的页面，按<Ctrl>+<V>组合键，将其粘贴到页面中，拖曳到适当的位置并调整其大小，效果如图 4-99 所示。为了便于读者观看，选择"矩形"工具 ▭，绘制一个蓝色底图。选择"钢笔"工具 🖊，绘制一个图形，设置填充色为乳白色（其 C、M、Y、K 的值分别为 2、0、16、0），填充图形，并

中等职业教育数字艺术类规划教材

设置描边色为无，效果如图 4-100 所示。用相同的方法再绘制两个图形，填充相同的颜色并设置描边色为无，效果如图 4-101 所示。

图 4-99　　　　　　图 4-100　　　　　　　　　图 4-101

步骤 2　选择"椭圆"工具，在页面中绘制一个椭圆形，设置填充色为橘黄色（其 C、M、Y、K 的值分别为 1、39、90、0），填充图形，并设置描边色为无，效果如图 4-102 所示。用相同的方法再次绘制一个椭圆形，设置填充色为淡黄色（其 C、M、Y、K 的值分别为 2、6、20、0），填充图形，并设置描边色为无，效果如图 4-103 所示。选择"选择"工具，用圈选的方法将刚刚绘制的两个椭圆形同时选取，按<Ctrl>+<G>组合键，将其编组，效果如图 4-104 所示。

图 4-102　　　　图 4-103　　　　图 4-104

步骤 3　选择"旋转"工具，按住<Alt>键的同时，在编组椭圆形下方中间的位置单击，调整旋转中心点，同时弹出"旋转"对话框，选项的设置如图 4-105 所示，单击"复制"按钮，效果如图 4-106 所示。按 3 次<Ctrl>+<D>组合键，复制 3 个图形，效果如图 4-107 所示。

图 4-105　　　　　　　　图 4-106　　　　　　　　图 4-107

步骤 4　选择"选择"工具，用圈选的方法将制作好的花形同时选取，按<Ctrl>+<G>组合键，将其编组，如图 4-108 所示。用相同的方法再绘制出一个花图形，并填充适当的颜色，效果如图 4-109 所示。分别选中绘制好的花图形，将其拖曳到适当的位置并调整大小，效果如图 4-110 所示。

图 4-108

图 4-109

图 4-110

步骤 5 选择"选择"工具 ，按<Alt>键的同时，分别选中两个不同颜色的花，将其拖曳到适当的位置并调整大小，效果如图 4-111 所示。按住<Shift>键的同时，选中需要的花图形，将其同时选取，如图 4-112 所示。按<Ctrl>+<[>组合键，将其后移到乳白色图形的下方，取消图形的选取状态，效果如图 4-113 所示。选中蓝色底图，按<Delete>键，将其删除。

图 4-111

图 4-112

图 4-113

步骤 6 选择"选择"工具 ，用圈选的方法将绘制好的花图形同时选取，按<Ctrl>+<G>组合键，将其编组，如图 4-114 所示。拖曳编组图形到适当的位置并调整其大小，如图 4-115 所示。连续按<Ctrl>+<[>组合键，将其后移到文字的下方，效果如图 4-116 所示。

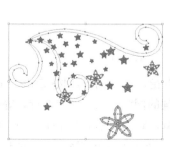

图 4-114

图 4-115

图 4-116

步骤 7 选择"文字"工具 ，在适当的位置输入需要的白色文字。选择"选择"工具 ，在属性栏中选择合适的字体并设置文字大小，文字的效果如图 4-117 所示。

图 4-117

9. 绘制文字底图

步骤 1 选择"矩形"工具 ▭，按住<Shift>键的同时，在适当的位置绘制一个正方形，如图 4-118 所示。选择"选择"工具 ▶，选中矩形，按住<Alt>键的同时，拖曳图形到适当的位置，复制一个矩形，将其旋转到需要的角度，效果如图 4-119 所示。用相同的方法复制多个矩形并分别将其旋转到适当的角度，效果如图 4-120 所示。

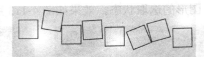

图 4-118   图 4-119   图 4-120

步骤 2 选择"选择"工具 ▶，按住<Shift>键的同时，选中所绘制的矩形，将其同时选取，按<Ctrl>+<G>组合键，将其编组。设置填充色为橘黄色（其 C、M、Y、K 的值分别为 0、35、85、0），填充图形，并设置描边色为白色，在属性栏中将"描边粗细"选项设为 2，效果如图 4-121 所示。选择"椭圆"工具 ⬭，按住<Shift>键的同时，在适当的位置绘制一个圆形，设置填充色为橘红色（其 C、M、Y、K 的值分别为 0、50、100、0），填充图形，并设置描边色为白色，在属性栏中将"描边粗细"选项设为 1，效果如图 4-122 所示。

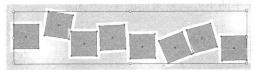

图 4-121   图 4-122

步骤 3 选择"选择"工具 ▶，选取圆形。按<Ctrl>+<C>组合键，复制图形，按<Ctrl>+<F>组合键，将复制的图形粘贴在前面。按住<Shift>+<Alt>组合键的同时，向内拖曳鼠标，等比例缩小图形。将填充色设为无，设置描边色为黄色（其 C、M、Y、K 的值分别为 0、0、100、0），填充图形描边，在属性栏中将"描边粗细"选项设为 3，效果如图 4-123 所示。选择"选择"工具 ▶，按住<Shift>键的同时，单击两个圆形将其同时选取，按<Ctrl>+<G>组合键，将其编组，效果如图 4-124 所示。按住<Alt>键的同时，拖曳编组图形到适当的位置并调整其大小，效果如图 4-125 所示。

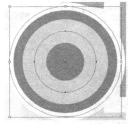

图 4-123   图 4-124   图 4-125

步骤 4 选择"选择"工具 ↖，按住<Alt>键的同时，选中上方的编组图形，将其拖曳到适当的位置并调整其大小，效果如图 4-126 所示。保持选取状态，在编组图形上单击鼠标右键，并在弹出的快捷菜单中选择"取消编组"命令，取消图形编组，选中黄色的描边图形，如图 4-127 所示。在属性栏中将"描边粗细"选项设为 3，按住<Shift>键的同时，单击后面的橘红色图形，将其同时选取，按<Ctrl>+<G>组合键，将其编组，效果如图 4-128 所示。

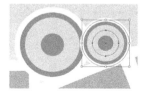
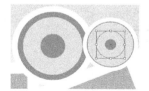
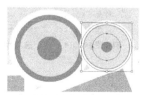

| 图 4-126 | 图 4-127 | 图 4-128 |

10. 添加文字投影效果

步骤 1 选择"文字"工具 T，分别在矩形上输入需要的文字。选择"选择"工具 ↖，分别在属性栏中选择合适的字体并设置文字大小，将其旋转到适当的角度，效果如图 4-129 所示。按住<Shift>键的同时，将输入的文字其同时选取，如图 4-130 所示。选择"窗口 > 色板"命令，弹出"色板"控制面板，在面板中选择"波浪图案"，如图 4-131 所示，文字效果如图 4-132 所示。

| 图 4-129 | 图 4-130 |

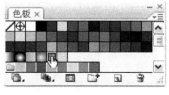

| 图 4-131 | 图 4-132 |

步骤 2 保持文字的选取状态。选择"效果 > 风格化 > 投影"命令，在弹出的对话框中进行设置，如图 4-133 所示，单击"确定"按钮，效果如图 4-134 所示。选择"直线段"工具 ↘，按住<Shift>键的同时，在页面中分别绘制两条直线。选择"选择"工具 ↖，按住<Shift>键的同时，单击刚绘制的两条直线，将其同时选取，并在属性栏中将"描边粗细"选项设为 1，效果如图 4-135 所示。

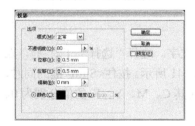

| 图 4-133 | 图 4-134 | 图 4-135 |

步骤 3 保持直线的选取状态。在"描边"控制面板中，选中"虚线"复选框，数值被激活，各选项的设置如图 4-136 所示，效果如图 4-137 所示。

图 4-136　　　　　　　　　　　　　　　图 4-137

提　示　选中"虚线"复选框后，在被激活的文本框中，"虚线"文本框用来设置第一段虚线段的长度，文本框中输入的数值越大，虚线的长度就越长。反之，输入的数值越小，虚线的长度就越短。"间隙"文本框用来设置虚线段之间的距离，输入的数值越大，虚线段之间的距离越大。反之，输入的数值越小，虚线段之间的距离越小。

步骤 4 选择"文字"工具 T，在适当的位置输入需要的文字。选择"选择"工具 ，在属性栏中选择合适的字体并设置文字大小，文字的效果如图 4-138 所示。设置文字填充色为红色（其 C、M、Y、K 的值分别为 15、100、90、45），填充文字。按<Ctrl>+<T>组合键，弹出"字符"控制面板，将"设置所选字符的间距调整"选项 设置为 240，如图 4-139 所示，按<Enter>键，效果如图 4-140 所示。

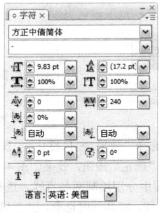

图 4-138　　　　　　　　　　图 4-139　　　　　　　　　　图 4-140

11. 添加作者名字

步骤 1 选择"文字"工具 T，分别在适当的位置输入需要的文字。选择"选择"工具 ，在属性栏中选择合适的字体并设置文字大小，文字效果如图 4-141 所示。按住<Shift>键的同时，单击需要的文字将其同时选取，设置文字填充色为洋红色（其 C、M、Y、K 的值分别为 0、100、0、0），填充文字，效果如图 4-142 所示。

图 4-141 图 4-142

步骤 ② 选择"椭圆"工具 ◯，按住<Shift>键的同时，在适当的位置绘制一个圆形，设置图形为洋红色（其 C、M、Y、K 的值分别为 0、100、0、0），填充图形，并设置图形描边色为无，效果如图 4-143 所示。按住<Shift>+<Alt>组合键的同时，在圆形的中心再次绘制一个圆形，设置圆形的填充色为无，并设置描边色为洋红色（其 C、M、Y、K 的值分别为 0、0、100、0），填充图形描边，在属性栏中将"描边粗细"选项设为 1，效果如图 4-144 所示。

图 4-143 图 4-144

步骤 ③ 选择"选择"工具 ▶，分别选中文字"掌握属于自己的幸福"，将其拖曳到书脊上并调整其大小，设置文字描边色为无，效果如图 4-145 所示。选择"矩形"工具 ▢，在书脊上绘制一个矩形，设置填充色为橘红色（其 C、M、Y、K 的值分别为 0、50、100、0），填充图形，并设置描边色为无，效果如图 4-146 所示。选择"文字"工具 T，在矩形上输入需要的白色文字。选择"选择"工具 ▶，在属性栏中选择合适的字体并设置文字大小，效果如图 4-147 所示。

图 4-145 图 4-146 图 4-147

步骤 ④ 选择"直排文字"工具 T，分别在页面中输入需要的文字。选择"选择"工具 ▶，在属性栏中选择合适的字体并设置文字大小，设置文字填充色为洋红色（其 C、M、Y、K 的值分别为 0、100、0、0），填充文字，效果如图 4-148 所示。选取刚绘制的两个圆形，按<Ctrl>+<G>组合键，将其编组，如图 4-149 所示。按住<Alt>键的同时，拖曳图形到书脊上适当的位置，复制图形并调整其大小，效果如图 4-150 所示。

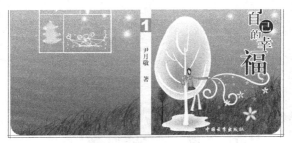
图 4-148

图 4-149

图 4-150

12. 添加条形码

步骤 1 选择"直排文字"工具 T，分别在页面中输入需要的文字。选择"选择"工具 ▶，在属性栏中选择合适的字体并设置文字大小，效果如图 4-151 所示。选择"矩形"工具 ▭，在页面的左下方绘制一个矩形，填充为白色并设置描边色为无，效果如图 4-152 所示。

图 4-151

图 4-152

步骤 2 选择"文件 > 置入"命令，弹出"置入"对话框，选择光盘中的"Ch04 > 素材 > 散文诗书籍封面设计 > 03"文件，单击"置入"按钮，将图片置入到页面中，在属性栏中单击"嵌入"按钮，嵌入图片。选择"选择"工具 ▶，拖曳图片到白色矩形上并调整其大小，效果如图 4-153 所示。选择"文字"工具 T，分别在页面中输入需要的文字。选择"选择"工具 ▶，分别在属性栏中选择合适的字体并设置文字大小，文字的效果如图 4-154 所示。

图 4-153

图 4-154

步骤 3 选择"直线段"工具 ╲，按住<Shift>键的同时，在文字前方绘制一条直线，并在属性栏中将"描边粗细"选项设为 2，效果如图 4-155 所示。选择"文字"工具 T，分别在页面中输入需要的文字。选择"选择"工具 ▶，分别在属性栏中选择合适的字体并设置文字大小，文字的效果如图 4-156 所示。

步骤 4 按<Ctrl>+<R>组合键，隐藏标尺。按<Ctrl>+<；>组合键，隐藏参考线。散文诗书籍封面设计制作完成，效果如图 4-157 所示。按<Ctrl>+<S>组合键，弹出"存储为"对话框，将其命名为"散文诗书籍封面设计"，保存文件为 AI 格式，单击"保存"按钮，将文件保存。

图 4-155

图 4-156

图 4-157

4.2　综合演练——塑身美体书籍封面设计

在 Photoshop 中，使用圆角矩形工具、矩形工具和渐变工具制作底图和书籍。使用画笔工具绘制图形效果。使用不透明度命令降低图形的不透明度。在 Illustrator 中，使用矩形工具、星形工具和描边命令绘制图形。使用文字工具和路径文字工具制作文字效果。（最终效果参看光盘中的"Ch04 > 效果 > 塑身美体书籍封面设计 > 塑身美体书籍封面"，如图 4-158 所示。）

图 4-158

4.3　综合演练——古物鉴赏书籍封面设计

在 Photoshop 中，使用定义图案命令和填充图案命令制作背景图案。使用多边形工具、混合模式选项、创建剪贴蒙版和添加图层蒙版命令制作图片效果。使用不同描边样式命令添加图片描边效果。在 Illustrator 中，使用文字工具添加文字。使用字形命令添加图形。（最终效果参看光盘中的"Ch04 > 效果 > 古物鉴赏书籍封面设计 > 古物鉴赏书籍封面"，如图 4-159 所示。）

图 4-159

第5章 唱片封面设计

唱片设计是应用设计的一个重要门类。唱片封面是音乐的外貌，不仅要体现出唱片的内容和性质，还要表现出美感。本章以长笛专辑唱片封面设计为例，讲解唱片封面的设计方法和制作技巧。

课堂学习目标

- 在 Photoshop 软件中制作唱片封面底图
- 在 Illustrator 软件中添加并编辑介绍性文字和出版信息

5.1 长笛专辑唱片封面设计

5.1.1 【案例分析】

笛子是我国最具特色的民族乐器之一，可以模仿大自然中的各种声音，可以表达不同的情绪。本例是为唱片公司设计的天籁之音笛子篇的封面设计，希望通过笛子的演奏特色表现出老歌新演所带来的新的潮流和时尚感。

5.1.2 【设计理念】

使用远山、树木和马组合而成的风景，营造出悠远、宽广的氛围，展示出笛子宽广的音域特色和丰富多变的表现力。宣传文字与笛子图形在白色底图的衬托下显得醒目突出，在展示出宣传主题的同时，映衬出唱片的特点。封底文字则以展示内容为主，给人直观、清晰的印象。（最终效果参看光盘中的"Ch05 > 效果 > 长笛专辑唱片封面设计 > 长笛专辑唱片封面"，如图 5-1 所示。）

图 5-1

5.1.3 【操作步骤】

Photoshop 应用

1. 置入并编辑图片

步骤 1 按<Ctrl>+<N>组合键，新建一个文件：宽度为 24cm，高度为 12cm，分辨率为 300 像素/英寸，颜色模式为 RGB，背景内容为白色。按<Ctrl>+<R>组合键，在图像窗口中显示标尺。选择"移动"工具 ，从图像窗口的水平标尺和垂直标尺中拖曳出需要的参考线，效果如图 5-2 所示。

图 5-2

步骤 2 单击"图层"控制面板下方的"创建新组"按钮 ，生成新的图层组并将其命名为"CD 封面"。单击"图层"控制面板下方的"创建新图层"按钮 ，生成新的图层并将其命名为"白色填充"。选择"矩形选框"工具 ，在图像窗口中的右半部分绘制一个矩形选区，填充选区为白色，如图 5-3 所示。按<Ctrl>+<D>组合键，取消选区。

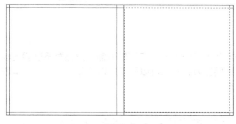

图 5-3

步骤 3 按<Ctrl>+<O>组合键，打开光盘中的"Ch05 > 素材 > 长笛专辑唱片封面设计 > 01"文件，选择"移动"工具 ，将图片拖曳到图像窗口中适当的位置。在"图层"控制面板中生成新的图层并将其命名为"风景图片 1"，如图 5-4 所示。按<Ctrl>+<T>组合键，在图像周围出现控制手柄，拖曳鼠标调整图像的大小，按<Enter>键确认操作，效果如图 5-5 所示。

图 5-4

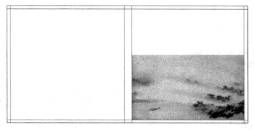

图 5-5

步骤 4 按<Shift>+<Ctrl>+<U>组合键，将图像去色，效果如图 5-6 所示。单击"图层"控制面板下方的"添加图层蒙版"按钮 ◙ ，为"风景图片 1"图层添加蒙版，如图 5-7 所示。

图 5-6   图 5-7

步骤 5 选择"渐变"工具 ▥ ，单击属性栏中的"点按可编辑渐变"按钮 ▬▬▬▼ ，弹出"渐变编辑器"对话框，将渐变色设为从黑色到白色，如图 5-8 所示，单击"确定"按钮。按住<Shift>键的同时，在图像的中部由上至下拖曳渐变，编辑状态如图 5-9 所示，松开鼠标，效果如图 5-10 所示。

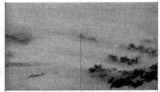

图 5-8   图 5-9   图 5-10

提 示 图层蒙版是一张 8 位的灰度图像，黑色为不透明区域，表示可以隐藏所选的图层；白色为透明区域，表示可以显示所选的图层；灰色为半透明区域，表示可以显示下面的部分像素。

步骤 6 将"风景图片 1"图层拖曳到控制面板下方的"创建新图层"按钮 ▫ 上进行复制，生成新的图层"风景图片 1 副本"。在控制面板上方将图层的混合模式选项设为"正片叠底"，"不透明度"选项设为 50，如图 5-11 所示，效果如图 5-12 所示。按住<Shift>键的同时，选中"风景图片 1"图层和"风景图片 1 副本"图层，按<Ctrl>+<Alt>+<G>组合键，创建两个图层的剪贴蒙版，图层面板如图 5-13 所示。

图 5-11   图 5-12   图 5-13

提　示　建立图层剪贴组时，首先要在"图层"面板上将被剪切的图层放在上方，而将作为蒙版的图层放在下方。

步骤 7　按<Ctrl>+<O>组合键，打开光盘中的"Ch05 > 素材 > 长笛专辑唱片封面设计 > 02"文件，选择"移动"工具，将图片拖曳到图像窗口中适当的位置。在"图层"控制面板中生成新的图层并将其命名为"风景图片 2"，如图 5-14 所示。按<Ctrl>+<T>组合键，在图像周围出现控制手柄，拖曳鼠标调整图像的大小，按<Enter>键确认操作，效果如图 5-15 所示。

图 5-14　　　　　　　　　　　图 5-15

步骤 8　按<Shift>+<Ctrl>+<U>组合键，将图像去色，效果如图 5-16 所示。单击"图层"控制面板下方的"添加图层蒙版"按钮，为"风景图片 2"图层添加蒙版，如图 5-17 所示。选择"渐变"工具，单击属性栏中的"点按可编辑渐变"按钮，弹出"渐变编辑器"对话框，将渐变色设为从黑色到白色，单击"确定"按钮。按住<Shift>键的同时，在图像的中部由下至上拖曳渐变，编辑状态如图 5-18 所示，松开鼠标，效果如图 5-19 所示。

图 5-16　　　　　　图 5-17　　　　　　图 5-18　　　　　　图 5-19

步骤 9　将"风景图片 2"图层拖曳到控制面板下方的"创建新图层"按钮上进行复制，生成新的图层"风景图片 2 副本"。在控制面板上方将图层的混合模式选项设为"正片叠底"，如图 5-20 所示，效果如图 5-21 所示。按住<Shift>键的同时，选中"风景图片 2"图层和"风景图片 2 副本"图层，按<Ctrl>+<Alt>+<G>组合键，创建两个图层的剪贴蒙版，图层面板如图 5-22 所示，图像效果如图 5-23 所示。

图 5-20　　　　　　图 5-21　　　　　　图 5-22　　　　　　图 5-23

步骤 [10] 单击"图层"控制面板下方的"创建新的填充或调整图层"按钮 ，在弹出的下拉菜单中选择"色彩平衡"命令，在"图层"控制面板中生成"色彩平衡 1"图层，同时弹出"色彩平衡"对话框，在对话框中进行设置，如图 5-24 所示，单击"确定"按钮，图像效果如图 5-25 所示。按<Ctrl>+<Alt>+<G>组合键，为"色彩平衡 1"图层创建剪贴蒙版，图层面板如图 5-26 所示。

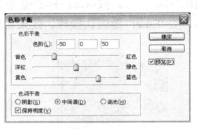

图 5-24   图 5-25   图 5-26

2. 置入并拼合图片

步骤 [1] 按<Ctrl>+<O>组合键，打开光盘中的"Ch05 > 素材 > 长笛专辑唱片封面设计 > 03"文件，选择"移动"工具 ，将图片拖曳到图像窗口中适当的位置。在"图层"控制面板中生成新的图层并将其命名为"风景图片 3"，如图 5-27 所示。按<Ctrl>+<T>组合键，在图像周围出现控制手柄，拖曳鼠标调整图像的大小，按<Enter>键确认操作，效果如图 5-28 所示。

图 5-27   图 5-28

步骤 [2] 在"图层"控制面板上方将"风景图片 3"图层的混合模式选项设为"强光"，"不透明度"选项设为 50，如图 5-29 所示，效果如图 5-30 所示。按<Ctrl>+<Alt>+<G>组合键，为"风景图片 3"图层创建剪贴蒙版，效果如图 5-31 所示。

图 5-29   图 5-30   图 5-31

步骤 3 按<Ctrl>+<O>组合键，打开光盘中的"Ch05 > 素材 > 长笛专辑唱片封面设计 > 04"文件，选择"移动"工具 ，将图片拖曳到图像窗口中适当的位置。在"图层"控制面板中生成新的图层并将其命名为"马"，如图 5-32 所示。按<Ctrl>+<T>组合键，在图像周围出现控制手柄，拖曳鼠标调整图像的大小，按<Enter>键确认操作，效果如图 5-33 所示。将"马"图层拖曳到控制面板下方的"创建新图层"按钮 上进行复制，生成新的图层"马 副本"，并将控制面板上方的混合模式选项设为"叠加"，效果如图 5-34 所示。在"图层"控制面板中单击"CD 封面"图层组前面的三角形图标，将"CD 封面"图层组中的所有图层隐藏。

图 5-32　　　　　　　　　　　图 5-33　　　　　　　　　　　图 5-34

步骤 4 新建图层并将其命名为"描边"。将前景色设为藏蓝色（其 R、G、B 的值分别为 35、42、83）。选择"矩形选框"工具 ，在图像窗口右侧绘制一个矩形选区，如图 5-35 所示。选择"编辑 > 描边"命令，弹出"描边"对话框，选项的设置如图 5-36 所示，单击"确定"按钮，效果如图 5-37 所示。按<Ctrl>+<D>组合键，取消选区。

图 5-35　　　　　　　　　　　图 5-36　　　　　　　　　　　图 5-37

步骤 5 新建图层并将其命名为"色块"。选择"矩形选框"工具 ，在图像窗口中的左侧绘制一个矩形选区，如图 5-38 所示。将前景色设为紫色（其 R、G、B 的值分别为 151、142、171），按<Alt>+<Delete>组合键，用前景色填充选区，效果如图 5-39 所示。按<Ctrl>+<D>组合键，取消选区。

图 5-38　　　　　　　　　　　　　　　　　图 5-39

步骤 6 按<Ctrl>+<R>组合键，隐藏标尺。按<Ctrl>+<；>组合键，隐藏参考线。按 <Shift>+<Ctrl>+<E>组合键，合并可见图层。唱片封面底图制作完成，效果如图 5-40 所示。 按<Ctrl>+<S>组合键，弹出"存储为"对话框，将其命名为"唱片封面底图"，保存为 TIFF 格式，单击"保存"按钮，弹出"TIFF 选项"对话框，单击"确定"按钮，将图像保存。

图 5-40

Illustrator 应用

3. 绘制边框线

步骤 1 打开 Illustrator CS3 软件，按<Ctrl>+<N>组合键，弹出"新建文档"对话框，单击"横 向"按钮，显示为横向页面，其他选项的设置如图 5-41 所示，单击"确定"按钮，新建 一个文档。选择"文件 > 置入"命令，弹出"置入"对话框，选择光盘中的"Ch04 > 效果 > 长笛专辑唱片封面设计 > 唱片封面底图"文件，单击"置入"按钮，将图片置入到页面 中。在属性栏中单击"嵌入"按钮，嵌入图片。选择"选择"工具，拖曳图片到适当的 位置，效果如图 5-42 所示。

图 5-41   图 5-42

步骤 2 选择"直线段"工具，在图片中部绘制一条直线，如图 5-43 所示。选择"窗口 > 描 边"命令，弹出"描边"控制面板，选中"虚线"复选框，文本框被激活，各选项的设置如 图 5-44 所示，效果如图 5-45 所示。

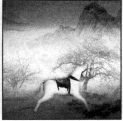

图 5-43   图 5-44

图 5-45

步骤 3 选择"矩形"工具 ▢，在页面中绘制一个矩形，将填充色设为无，描边色设为白色，并在属性栏中将"描边粗细"选项设为 2，效果如图 5-46 所示。选择"添加锚点"工具 ✒⁺，在矩形的右侧单击添加 3 个锚点，如图 5-47 所示。选择"直接选择"工具 ▷，选取刚添加的中间的节点，按<Delete>键，将其删除，效果如图 5-48 所示。

图 5-46   图 5-47   图 5-48

4. 添加并编辑素材文字

步骤 1 选择"矩形"工具 ▢，在适当的位置绘制一个矩形，填充图形为白色并设置描边色为无，效果如图 5-49 所示。选择"效果 > 风格化 > 投影"命令，在弹出的对话框中进行设置，如图 5-50 所示，单击"确定"按钮，效果如图 5-51 所示。

图 5-49   图 5-50   图 5-51

步骤 2 选择"圆角矩形"工具 ▢，在页面中单击，弹出"圆角矩形"对话框，选项的设置如图 5-52 所示，单击"确定"按钮，得到一个圆角矩形，如图 5-53 所示。设置图形填充色为黄色（其 C、M、Y、K 的值分别为 0、0、31、0），填充图形，并设置描边色为无，效果如图 5-54 所示。

图 5-52   图 5-53   图 5-54

步骤 3 选择"直排文字"工具 T ，在页面中输入需要的文字。选择"选择"工具 ，在属性栏中选择合适的字体并设置文字大小，设置文字填充色为紫色（其 C、M、Y、K 的值分别为 37、100、0、0），填充文字，效果如图 5-55 所示。

步骤 4 选择"文件 > 置入"命令，弹出"置入"对话框，分别选择光盘中的"Ch05 > 素材 > 长笛专辑唱片封面设计 > 05、06"文件，单击"置入"按钮，将图片分别置入到页面中。选择"选择"工具 ，将其拖曳到适当的位置，按住<Shift>键的同时，将其同时选取，并在属性栏中单击"嵌入"按钮，嵌入图片，效果如图 5-56 所示。按<Ctrl>+<G>组合键，将其编组。

图 5-55   图 5-56

步骤 5 选择"效果 > 纹理 > 纹理化"命令，在弹出的对话框中进行设置，如图 5-57 所示，单击"确定"按钮，效果如图 5-58 所示。选择"选择"工具 ，将编组文字拖曳到适当的位置并调整其大小，效果如图 5-59 所示。

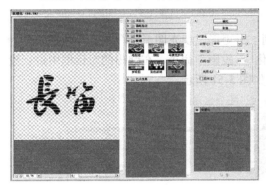

图 5-57   图 5-58   图 5-59

步骤 6 选择"文件 > 置入"命令，弹出"置入"对话框，选择光盘中的"Ch05 > 素材 > 长笛专辑唱片封面设计 > 07"文件，单击"置入"按钮，将图片置入到页面中。在属性栏中单击"嵌入"按钮，嵌入图片。选择"选择"工具 ，拖曳图片到适当的位置并调整其大小，效果如图 5-60 所示。选择"效果 > 风格化 > 外发光"命令，在弹出的对话框中进行设置，如图 5-61 所示，单击"确定"按钮，效果如图 5-62 所示。

图 5-60   图 5-61   图 5-62

5. 添加介绍性文字

步骤 1 选择"文字"工具 T ，在页面中输入需要的文字。选择"选择"工具 ▶ ，在属性栏中选择合适的字体并设置文字大小，文字的效果如图 5-63 所示。按<Ctrl>+<T>组合键，在弹出的"字符"面板中将"设置所选字符的字符间距调整"选项 AV 设置为 65，如图 5-64 所示，文字效果如图 5-65 所示。

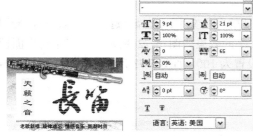

图 5-63   图 5-64

老歌新唱 旋律难忘 情感音乐 新潮时尚

图 5-65

步骤 2 按<Ctrl>+<Shift>+<O>组合键，将文字转换为轮廓。填充为白色，并设置描边色为无。在"描边"控制面板中，单击"对齐描边"选项组中的"使描边外侧对齐"按钮 ⬜ ，其他选项的设置如图 5-66 所示，文字效果如图 5-67 所示。

图 5-66

图 5-67

步骤 3 选择"文字"工具 T ，分别在页面中输入需要的白色文字。选择"选择"工具 ▶ ，分别在属性栏中选择合适的字体并设置文字大小，文字的效果如图 5-68 所示。选择"中国铭嘉唱片公司出版"文字，在"字符"面板中将"设置所选字符的字符间距调整"选项 AV 设置为 100。选择"CHINAMINGJIACHANGPIANGONGSICHUBAN"文字，并在"字符"面板中将"设置所选字符的字符间距调整"选项 AV 设置为 25，文字效果如图 5-69 所示。

图 5-68

中国铭嘉唱片公司出版
CHINAMINGJIACHANGPIANGONGSICHUBAN

图 5-69

步骤 4 选择"圆角矩形"工具 ⬭ ，在页面中单击，弹出"圆角矩形"对话框，选项的设置如图 5-70 所示，单击"确定"按钮。选择"选择"工具 ▶ ，拖曳圆角矩形到页面的左侧，将填充色设为无，设置描边色为黄色（其 C、M、Y、K 的值分别为 0、0、32、0），填充图形描边，并在属性栏中将"描边粗细"选项设为1，效果如图5-71所示。

<table>
<tr><td>图 5-70</td><td>图 5-71</td></tr>
</table>

步骤 5 选择"文字"工具 T，在页面中输入需要的白色文字。选择"选择"工具，分别在属性栏中选择合适的字体并设置文字大小，文字的效果如图 5-72 所示。在"字符"面板中将"设置所选字符的字符间距调整"选项 AV 设置为100，如图5-73所示，文字效果如图5-74所示。

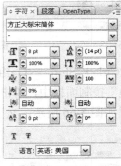

图 5-72　　　　　　　　　　图 5-73

图 5-74

步骤 6 选择"文字"工具 T，在页面中输入需要的文字。选择"选择"工具，分别在属性栏中选择合适的字体并设置文字大小，文字的效果如图5-75所示。在"字符"面板中将"设置所选字符的字符间距调整"选项 AV 设置为100，文字效果如图5-76所示。

图 5-75　　　　　　　　　　图 5-76

步骤 7 选择"矩形"工具，按住<Shift>键的同时，在文字适当的位置绘制一个矩形，设置填充色为黄色（其 C、M、Y、K 的值分别为0、0、73、22），填充图形，并设置描边色为无，效果如图5-77所示。双击"旋转"工具，弹出"旋转"对话框，选项的设置如图5-78所示，单击"确定"按钮，效果如图5-79所示。

图 5-77　　　　　　　　　　　图 5-78　　　　　　　　　　图 5-79

步骤 **8** 选择"选择"工具 ▶，选中旋转的图形，按住<Alt>+<Shift>组合键的同时，水平向右拖曳到适当的位置，复制一个图形，效果如图 5-80 所示。选择"矩形"工具 ▢，在适当的位置绘制一个矩形，设置填充色为黄色（其 C、M、Y、K 的值分别为 0、0、31、0），填充图形，并设置描边色为无，效果如图 5-81 所示。

图 5-80　　　　　　　　　　　　　　图 5-81

步骤 **9** 选择"文字"工具 T，在矩形中输入需要的文字。选择"选择"工具 ▶，在属性栏中选择合适的字体并设置文字大小，文字的效果如图 5-82 所示。在"字符"面板中将"设置所选字符的字符间距调整"选项 ＡＶ 设置为 100，设置文字填充色为黄绿色（其 C、M、Y、K 的值分别为 0、0、100、30），填充文字，如图 5-83 所示。

图 5-82　　　　　　　　　　　　　　图 5-83

步骤 **10** 选择"文字"工具 T，在适当的位置输入需要的文字。选择"选择"工具 ▶，在属性栏中选择合适的字体并设置文字大小，设置文字填充色为红色（其 C、M、Y、K 的值分别为 0、81、100、29），填充文字，如图 5-84 所示。选择"文字"工具 T，选取文字"C"，并在属性栏中将文字大小设为 14，文字效果如图 5-85 所示。

图 5-84　　　　　　　　　　　　　　图 5-85

6. 添加出版信息

步骤 1 选择"文字"工具 T，在适当的位置输入需要的文字。选择"选择"工具 ，在属性栏中选择合适的字体并设置文字大小，文字的效果如图 5-86 所示。在"字符"面板中将"设置所选字符的字符间距调整"选项 AV 设置为 100，文字效果如图 5-87 所示。

图 5-86   图 5-87

步骤 2 选择"椭圆"工具 ，在适当的位置绘制一个椭圆形，填充图形为黑色并设置描边色为无，效果如图 5-88 所示。选择"文字"工具 T，在椭圆形上方输入需要的白色文字。选择"选择"工具 ，在属性栏中选择合适的字体并设置文字大小。在"字符"面板中将"设置所选字符的字符间距调整"选项 AV 设置为 180，文字效果如图 5-89 所示。

图 5-88   图 5-89

步骤 3 选择"文字"工具 T，在适当的位置输入需要的文字。选择"选择"工具 ，在属性栏中选择合适的字体并设置文字大小。在"字符"面板中将"设置所选字符的字符间距调整"选项 AV 设置为 100，文字效果如图 5-90 所示。用相同的方法分别在适当的位置输入需要的文字，并调整文字的间距，效果如图 5-91 所示。CD 唱片封面设计制作完成，效果如图 5-92 所示。按<Ctrl>+<S>组合键，弹出"存储为"对话框，将其命名为"CD 唱片封面设计"，保存为 AI 格式，单击"保存"按钮，将文件保存。

图 5-90   图 5-91

图 5-92

5.2 综合演练——民族音乐唱片封面设计

在 Photoshop 中，使用添加图层蒙版命令和不透明度命令制作 CD 底图。在 Illustrator 中，使用文字工具和矩形工具添加标题名称。使用矩形工具和圆角矩形工具添加装饰图形。使用文字工具和椭圆工具添加其他内容文字和出版信息。（最终效果参看光盘中的 "Ch05 > 效果 > 民族音乐唱片封面设计> 民族音乐唱片封面"，如图 5-93 所示。）

图 5-93

5.3 综合演练——轻音乐唱片封面设计

在 Photoshop 中，使用添加图层蒙版命令和渐变工具制作背景图片的合成效果。使用矩形工具、旋转命令和添加图层蒙版命令制作装饰图形。在 Illustrator 中，使用矩形工具、画笔工具、混合工具和不透明度命令制作装饰图形。使用文字工具添加 CD 名称。使用描边控制面板和扩展外观命令制作文字的描边效果。使用文字工具和圆角矩形工具添加其他内容文字和出版信息。（最终效果参看光盘中的 "Ch05 > 效果 > 轻音乐唱片封面设计> 轻音乐唱片封面"，如图 5-94 所示。）

图 5-94

第6章 宣传单设计

宣传单是直销广告的一种，可以有效地将信息传达给受众目标，对宣传活动和促销商品有着重要的作用。本章以 MP3 宣传单设计为例，通过色彩的搭配、结构的设定、产品的摆放等方面，详细地讲解宣传单的设计特点和制作技巧。

课堂学习目标

- 在 Photoshop 软件中制作 MP3 宣传单底图
- 在 Illustrator 软件中添加宣传单的广告语和介绍性文字

6.1　MP3 宣传单设计

6.1.1　【案例分析】

本例是为生产厂商销售新产品设计 MP3 宣传单。在宣传单设计上要求通过对产品图片的编辑，展示出 MP3 强大的音乐功能和清晰的播放特点，同时体现出产品的时尚性和科技感。

6.1.2　【设计理念】

蓝色的渐变背景展现出统一且出众的气质，给人科技和现代感。将音乐符号和产品图片作为宣传单的主体，展示出产品超强的音乐功能，形成强烈的视觉冲击力，让人印象深刻。文字的颜色变化和编排组合，在介绍产品特点的同时，给人条理清晰、主次分明的印象。（最终效果参看光盘中的"Ch06 > 效果 > MP3 宣传单设计 > MP3 宣传单"，如图 6-1 所示。）

图 6-1

6.1.3 【操作步骤】

Photoshop 应用

1. 制作背景图

步骤 1 　按<Ctrl>+<N>组合键，新建一个文件：宽度为 19.3cm，高度为 26.6cm，分辨率为 300 像素/英寸，颜色模式为 RGB，背景内容为白色。

步骤 2 　选择"渐变"工具 ，单击属性栏中的"点按可编辑渐变"按钮 ，弹出"渐变编辑器"对话框，在"位置"选项中分别输入 0、50、100 几个位置点，并分别设置这几个位置点颜色的 RGB 值为 0（5、56、78）、50（42、158、203）、100（5、60、83），如图 6-2 所示，单击"确定"按钮。单击属性栏中的"线性渐变"按钮 ，按住<Shift>键的同时，在图像窗口中由上至下拖曳渐变，效果如图 6-3 所示。

图 6-2　　　　　　　　　　　　　　图 6-3

步骤 3 　按<Ctrl>+<O>组合键，打开光盘中的"Ch06 > 素材 > MP3 宣传单设计 > 02"文件，选择"移动"工具 ，将图片拖曳到图像窗口中，在"图层"控制面板中生成新的图层并将其命名为"音乐符"。按<Ctrl>+<T>组合键，在图像周围出现控制手柄，拖曳鼠标调整图像的大小，按<Enter>键，确认操作，效果如图 6-4 所示。

步骤 4 　单击"图层"控制面板下方的"添加图层样式"按钮 ，在弹出的下拉菜单中选择"外发光"命令，弹出对话框，将发光颜色设为白色，其他选项的设置如图 6-5 所示，单击"确定"按钮，效果如图 6-6 所示。

 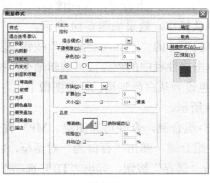 

图 6-4　　　　　　　　　　　图 6-5　　　　　　　　　　　图 6-6

步骤 5　按<Ctrl>+<O>组合键，打开光盘中的"Ch06 > 素材 > MP3 宣传单设计 > 01"文件，选择"移动"工具，将图片拖曳到图像窗口中，在"图层"控制面板中生成新的图层并将其命名为"MP3"。按<Ctrl>+<T>组合键，在图像周围出现控制手柄，拖曳鼠标调整图像的大小，按<Enter>键，确认操作，效果如图 6-7 所示。

步骤 6　按住<Ctrl>键的同时，单击"音乐符"图层左侧的图层缩览图，图像周围生成选区，如图 6-8 所示。选择"矩形选框"工具，单击属性栏中的"从选区减去"按钮，在适当位置绘制矩形，编辑状态如图 6-9 所示，松开鼠标左键，效果如图 6-10 所示。

图 6-7　　　　　　　　图 6-8　　　　　　　　图 6-9　　　　　　　　图 6-10

步骤 7　按<Ctrl>+<Shift>+<I>组合键，将选区进行反选，效果如图 6-11 所示。在"图层"控制面板中选择"MP3"图层，单击"图层"控制面板下方的"添加图层蒙版"按钮，为"MP3"图层添加蒙版，效果如图 6-12 所示，图层显示如图 6-13 所示。

图 6-11　　　　　　　　图 6-12　　　　　　　　图 6-13

步骤 8　按<Ctrl>+<O>组合键，打开光盘中的"Ch06 > 素材 > MP3 宣传单设计 > 03"文件，选择"移动"工具，将图片拖曳到图像窗口中，在"图层"控制面板中生成新的图层并将其命名为"耳机"。按<Ctrl>+<T>组合键，在图像周围出现控制手柄，拖曳鼠标调整图像的大小，按<Enter>键，确认操作，效果如图 6-14 所示。

步骤 9　单击"图层"控制面板下方的"添加图层蒙版"按钮，为"耳机"图层添加蒙版。选择"渐变"工具，单击属性栏中的"点按可编辑渐变"按钮，弹出"渐变编辑器"对话框，设置渐变色设为从白色到黑色，在图像上由左到右拖曳渐变，编辑状态如图 6-15 所示，效果如图 6-16 所示。

步骤 10　按<Shift>+<Ctrl>+<E>组合键，合并可见图层。MP3 宣传单底图制作完成，效果如图 6-17 所示。按<Ctrl>+<S>组合键，弹出"存储为"对话框，将其命名为"宣传单底图"，保存图像为 TIFF 格式，单击"保存"按钮，弹出"TIFF 选项"对话框，单击"确定"按钮，将图像保存。

图 6-14

图 6-15

图 6-16

图 6-17

Illustrator 应用

2. 置入图片和绘制图形

步骤 1 打开 Illustrator CS3 软件，按<Ctrl>+<N>组合键，弹出"新建文档"对话框，选项的设置如图 6-18 所示，单击"确定"按钮，新建一个文档。选择"文件 > 置入"命令，弹出"置入"对话框，选择光盘中的"Ch06 > 效果 > MP3 宣传单设计 > 宣传单底图"文件，单击"置入"按钮，将图片置入到页面中。在属性栏中单击"嵌入"按钮，嵌入图片。选择"选择"工具 ，拖曳图片到适当的位置，效果如图 6-19 所示。

图 6-18

图 6-19

步骤 2 选择"圆角矩形"工具 ，在页面中单击，弹出"圆角矩形"对话框，选项设置如图 6-20 所示，单击"确定"按钮，得到一个圆角矩形，如图 6-21 所示。选择"选择"工具 ，

中等职业教育数字艺术类规划教材

拖曳圆角矩形到适当的位置，按住<Shift>键的同时，单击背景图片，将矩形和背景图片同时选取，单击属性栏中的"水平居中对齐"按钮，矩形和背景图片水平居中对齐。设置填充色为淡蓝色（其 C、M、Y、K 的值分别为 44、0、0、0），填充图形，并设置描边色为无，效果如图 6-22 所示。

步骤 3 选择"文件 > 置入"命令，弹出"置入"对话框，选择光盘中的"Ch06 > 效果 > MP3 宣传单设计 > 04"文件，单击"置入"按钮，将图片置入页面中。在属性栏中单击"嵌入"按钮，嵌入图片。选择"选择"工具，拖曳图片到适当的位置，效果如图 6-23 所示。

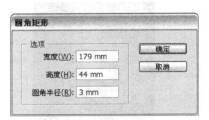

图 6-20

图 6-21

图 6-22

图 6-23

3. 制作文字混合效果

步骤 1 为了便于读者观看，绘制一个蓝色的底图。选择"文字"工具 T，在底图上输入需要的文字，在属性栏中选择合适的字体并分别设置文字大小，文字的效果如图 6-24 所示。选取文字"MP3"，按<Ctrl>+<T>组合键，弹出"字符"控制面板，将"设置所选字符的字符间距调整"选项设置为 80，文字效果如图 6-25 所示。设置文字填充色为红色（其 C、M、Y、K 的值分别为 0、90、85、0），填充文字，取消文字的选取状态，如图 6-26 所示。

步骤 2 选择"选择"工具，选取文字，按<Ctrl>+<Shift>+<O>组合键，将文字转换为轮廓。在文字上单击鼠标右键，并在弹出的快捷菜单中选择"取消编组"命令，取消文字的编组，效果如图 6-27 所示。

图 6-24

图 6-25

图 6-26

图 6-27

步骤 **3** 选择"选择"工具 ，按住<Shift>键的同时，单击文字"LVCE"，将其同时选取，填充为白色，设置描边色为黄色（其 C、M、Y、K 的值分别为 0、50、100、0），填充文字描边，并在属性栏中将"描边粗细"选项设为 1.5，效果如图 6-28 所示。用相同的方法再次选取文字"MP3"，将描边色设为白色。在"描边"控制面板中，单击"对齐描边"选项组中的"使描边外侧对齐"按钮 ，其他选项的设置如图 6-29 所示，文字效果如图 6-30 所示。

图 6-28　　　　　　　　　　　图 6-29　　　　　　　　　　　图 6-30

步骤 **4** 选择"选择"工具 ，按住<Shift>键的同时，单击所有文字将其同时选取，按<Ctrl>+<G>组合键，将其编组，如图 6-31 所示。选择"效果 > 变形 > 弧形"命令，在弹出的对话框中进行设置，如图 6-32 所示，单击"确定"按钮，效果如图 6-33 所示。

图 6-31　　　　　　　　　　　图 6-32　　　　　　　　　　　图 6-33

步骤 **5** 选择"选择"工具 ，选中变形文字，按住<Alt>键的同时，拖曳文字到适当的位置，复制变形文字并调整其大小，将文字的填充色和描边色均设为黑色，效果如图 6-34 所示。按<Ctrl>+<[>组合键，后移一层，效果如图 6-35 所示。

图 6-34　　　　　　　　　　　　　　　　　　图 6-35

步骤 **6** 双击"混合"工具 ，弹出"混合选项"对话框，选项的设置如图 6-36 所示，单击"确定"按钮，分别在两组变形文字上单击，混合效果如图 6-37 所示。选择"选择"工具 ，选中蓝色的底图，按<Delete>键，将其删除。将混合文字拖曳到适当的位置并调整其大小，效果如图 6-38 所示。

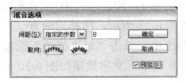

| 图 6-36 | 图 6-37 | 图 6-38 |

4. 添加并编辑广告语

步骤 **1** 为了便于读者观看，绘制一个蓝色的底图。选择"文字"工具 **T**，在底图上输入需要的白色文字。选择"选择"工具 ，在属性栏中选择合适的字体并设置文字大小。在"字符"控制面板中，将"设置所选字符的字符间距调整"选项 **AV** 设置为25，文字效果如图 6-39 所示。按<Ctrl>+<Shift>+<O>组合键，将文字转换为轮廓。在"描边"控制面板中，单击"对齐描边"选项组中的"使描边外侧对齐"按钮 ，其他选项的设置如图 6-40 所示，文字效果如图 6-41 所示。

| 图 6-39 | 图 6-40 | 图 6-41 |

步骤 **2** 选择"选择"工具 ，选中蓝色的底图，按<Delete>键，将其删除。将描边文字拖曳到适当的位置，效果如图 6-42 所示。双击"旋转"工具，弹出"旋转"对话框，选项的设置如图 6-43 所示，单击"确定"按钮，效果如图 6-44 所示。

| 图 6-42 | 图 6-43 | 图 6-44 |

步骤 **3** 选择"钢笔"工具 ，在文字下方绘制一个图形，如图 6-45 所示。设置填充色为红色（其 C、M、Y、K 的值分别为 0、100、100、0），填充图形，并设置描边色为无，效果如图

6-46 所示。使用上述相同的方法，制作另一个文字效果，效果如图 6-47 所示。

图 6-45　　　　　　　　图 6-46　　　　　　　　图 6-47

5. 添加介绍性文字

步骤 1　选择"圆角矩形"工具，在页面的适当位置绘制一个圆角矩形，如图 6-48 所示。选择"窗口 > 图形样式"命令，弹出"文字效果"面板，选择"金属金"图形样式，如图 6-49 所示，图形效果如图 6-50 所示。

步骤 2　选择"文字"工具 T，在黄色按钮上输入需要的文字。选择"选择"工具，在属性栏中选择合适的字体并设置文字大小，效果如图 6-51 所示。

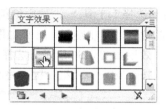

图 6-48　　　　　　　　　　　　图 6-49

图 6-50　　　　　　　　　　　　图 6-51

步骤 3　选择"文字"工具 T，在页面适当位置输入需要的文字。选择"选择"工具，在属性栏中选择合适的字体并设置文字大小。在"字符"面板中将"设置行距"选项设置为 12，效果如图 6-52 所示。

图 6-52

步骤 4　选择"椭圆"工具，按住<Shift>键的同时，在适当的位置绘制一个圆形，设置填充色为蓝色（其 C、M、Y、K 的值分别为 100、0、0、0），填充图形，并设置描边色为无，效果如图 6-53 所示。按住<Shift>+<Alt>组合键的同时，以圆形的中心点为中心再绘制一个圆形，设置填充色为深蓝色（其 C、M、Y、K 的值分别为 100、25、25、42），填充图形，并设置描边色为无，效果如图 6-54 所示。选择"选择"工具，按住<Shift>键的同时，将两个圆形同时选取，按<Ctrl>+<G>组合键，将其编组。

图 6-53　　　　　　　　　　　图 6-54

步骤 5 选择"选择"工具，选中编组圆形，按住<Shift>+<Alt>组合键的同时，向下拖曳图形到适当的位置，复制图形，效果如图 6-55 所示。多次按<Ctrl>+<D>组合键，等距离复制多个图形，效果如图 6-56 所示。选择"选择"工具，按住<Shift>键的同时，将多个图形同时选取，按<Ctrl>+<G>组合键，将其编组。

图 6-55　　　　　　　　　　　图 6-56

步骤 6 选择"文字"工具 T，在页面适当位置输入需要的文字。选择"选择"工具，在属性栏中选择合适的字体并设置文字大小，效果如图 6-57 所示。选择"文字"工具 T，在页面中输入需要的文字。选择"选择"工具，在属性栏中选择合适的字体并设置文字大小，设置文字的填充色为深蓝色（其 C、M、Y、K 的值分别为 100、43、0、37），填充文字，效果如图 6-58 所示。

图 6-57　　　　　　　　　　　图 6-58

步骤 7 选择"直线段"工具 ，按住<Shift>的键的同时，由上向下拖曳鼠标绘制出一条直线，设置描边色为蓝色（其 C、M、Y、K 的值分别为 100、45、0、33），填充描边，并在属性栏中将"描边粗细"选项设为 0.5，效果如图 6-59 所示。选择"窗口 > 描边"命令，弹出"描边"控制面板，选中"虚线"复选框，文本框被激活，其他选项的设置如图 6-60 所示，效果如图 6-61 所示。

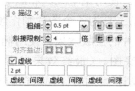

图 6-59   图 6-60   图 6-61

步骤 8 连续按<Ctrl>+<[>组合键，将虚线放置在宣传语的下方，取消虚线的选取状态，效果如图 6-62 所示。MP3 宣传单制作完成，效果如图 6-63 所示。按<Ctrl>+<S>组合键，弹出"存储为"对话框，将其命名为"MP3 宣传单"，保存为 AI 格式，单击"保存"按钮，将文件保存。

图 6-62   图 6-63

6.2 综合演练——环保旅游宣传单设计

在 Photoshop 中，使用椭圆选区工具、钢笔工具和添加图层蒙版命令制作装饰图形。使用矩形工具和添加图层样式命令制作图片效果。在 Illustrator 中，使用文字工具和编辑路径工具添加标题。使用描边控制面板和扩展外观命令制作文字描边效果。使用符号库命令添加装饰图形。（最终效果参看光盘中的"Ch06 > 效果 > 环保旅游宣传单设计 > 环保旅游宣传单"，如图 6-64 所示。）

图 6-64

6.3 综合演练——手机产品宣传单设计

　　在 Photoshop 中，使用钢笔工具、加深工具和减淡工具绘制装饰底图。使用自定形状工具和画笔工具绘制闪光心形。使用添加图层蒙版按钮和渐变工具制作心形渐隐效果。使用钢笔工具和画笔工具绘制装饰线条。在 Illustrator 中，使用倾斜工具为各个图片制作倾斜效果。使用剪切蒙版命令和矩形工具制作图片的蒙版效果。使用椭圆工具和路径查找器控制面板制作白色装饰底图。（最终效果参看光盘中的"Ch06 > 效果 > 手机产品宣传单设计 > 手机产品宣传单"，如图 6-65 所示。）

图 6-65

第7章 广告设计

广告是宣传产品的重要媒介之一，众多商家和企业都希望通过广告来宣传自己的产品，传播自己的文化。本章以房地产广告设计为例，详细地讲解广告设计的制作流程和设计要点。

课堂学习目标

- 在 Photoshop 软件中制作电脑促销广告背景
- 在 Illustrator 软件中添加广告语和内容文字

7.1 电脑促销广告设计

7.1.1 【案例分析】

随着时代的进步和科技的不断发展，电脑已经成为人们日常生活和休闲娱乐的必备之选。本例是为销售厂商制作的电脑销售广告。要求在抓住产品特色的同时，充分展示出销售的主要卖点。

7.1.2 【设计理念】

通过背景的天空和草地，营造出宽广、自然的氛围，给人亲切感。中心的电脑与四周的昆虫、乐器和音符形成对比，展现出动、静之间的有力融合，起到呼应宣传语和突出主题的作用。宣传语的设计美观大方、醒目突出，同时突出销售的主要特点，使人印象深刻。（最终效果参看光盘中的"Ch07 > 效果 > 电脑促销广告设计 > 电脑促销广告"，如图7-1所示。）

图 7-1

7.1.3 【操作步骤】

Photoshop 应用

1. 制作背景效果

步骤 1 按<Ctrl>+<N>组合键,新建一个文件:宽为 29.7cm,高为 21cm,分辨率为 300 像素/英寸,颜色模式为 RGB,背景内容为白色。

步骤 2 按<Ctrl>+<O>组合键,打开光盘中的"Ch07 > 素材 > 电脑促销广告设计 > 01"文件,选择"移动"工具，将图片拖曳到新建的图像窗口中,在"图层"控制面板中生成新的图层并将其命名为"底图"。按<Ctrl>+<T>组合键,在图像周围出现控制手柄,调整图像的大小并拖曳到适当的位置,按<Enter>键,确认操作,效果如图 7-2 所示。

步骤 3 选择"圆角矩形"工具，在属性栏中单击"路径"按钮，将"半径"选项设为 0.5cm,在图像窗口中绘制圆角矩形路径,如图 7-3 所示。选择"矩形"工具，单击属性栏中的"从路径区域减去(-)"按钮，在圆角矩形路径的下方绘制一个矩形路径,如图 7-4 所示。按<Ctrl>+<Enter>组合键,将路径转换为选区,效果如图 7-5 所示。

图 7-2

图 7-3

图 7-4

图 7-5

步骤 4 单击"图层"控制面板下方的"添加图层蒙版"按钮，为"底图"图层添加蒙版,如图 7-6 所示,效果如图 7-7 所示。

第 7 章 广告设计

CHAPTER 7

图 7-6   图 7-7

步骤 5 按<Ctrl>+<O>组合键，打开光盘中的"Ch07 > 素材 > 电脑促销广告设计 > 02"文件，选择"移动"工具，将图片拖曳到新建的图像窗口中，按<Ctrl>+<T>组合键，在图像周围出现控制手柄，调整图像的大小并拖曳到适当的位置，按<Enter>键，确认操作，效果如图 7-8 所示。在"图层"控制面板中生成新的图层并将其命名为"草地"。

步骤 6 按住<Ctrl>键的同时，单击"底图"图层左侧的图层缩览图，图像窗口生成选区，如图 7-9 所示。单击"图层"控制面板下方的"添加图层蒙版"按钮 ，为"草地"图层添加蒙版，如图 7-10 所示，图像窗口效果如图 7-11 所示。

图 7-8   图 7-9

图 7-10   图 7-11

2. 添加图片及装饰图形

步骤 1 按<Ctrl>+<O>组合键，打开光盘中的"Ch07 > 素材 > 电脑促销广告设计 > 03"文件，选择"移动"工具 ▶︎，将图片拖曳到新建图像窗口中，按<Ctrl>+<T>组合键，在图像周围出现控制手柄，调整图像的大小和位置，按<Enter>键，确认操作，效果如图 7-12 所示。在"图层"控制面板中生成新的图层并将其命名为"电脑"。使用相同的方法添加其他素材图片，并调整其位置和大小，效果如图 7-13 所示。将图层分别命名为"蝴蝶 1、蝴蝶 2、蝴蝶 3、蝴蝶 4、小提琴、乐器"，如图 7-14 所示。

图 7-12　　　　　　　　　　　图 7-13　　　　　　　　　　　图 7-14

步骤 2　在"图层"控制面板中单击"创建新图层"按钮 ▣，生成新的图层并将其命名为"装饰"。将前景色设置为白色。选择"钢笔"工具 ✍，在图像窗口中绘制一个路径，如图 7-15 所示。按<Ctrl>+<Enter>组合键，将路径转换为选区，按<Alt>+<Delete>组合键，用前景色填充选区，效果如图 7-16 所示。按<Ctrl>+<D>组合键，取消选区。使用相同的方法绘制其他图形，效果如图 7-17 所示。

图 7-15　　　　　　　　　　　图 7-16　　　　　　　　　　　图 7-17

步骤 3　单击"图层"控制面板下方的"添加图层蒙版"按钮 ▣，为"装饰"图层添加蒙版，如图 7-18 所示。选择"渐变"工具 ▣，单击属性栏中的"点按可编辑渐变"按钮 ▣▼，弹出"渐变编辑器"对话框，将渐变色设为由白色到黑色，如图 7-19 所示，单击"确定"按钮。单击属性栏上的"对称渐变"按钮 ▣，在图像窗口的图形上由左至右拖曳渐变，效果如图 7-20 所示。

图 7-18　　　　　　　　　　　图 7-19　　　　　　　　　　　图 7-20

步骤 4 选择"移动"工具 ，按住<Alt>键的同时，拖曳鼠标到适当的位置复制装饰图形，效果如图 7-21 所示。按<Ctrl>+<T>组合键，在图形周围出现控制手柄，调整图形的角度，按<Enter>键，确认操作，效果如图 7-22 所示。在"图层"控制面板中，按住<Shift>键的同时，将"装饰"图层和"装饰 副本"图层同时选取，拖曳到"电脑"图层的上方，如图 7-23 所示，图像窗口效果如图 7-24 所示。

图 7-21   图 7-22

图 7-23   图 7-24

步骤 5 新建图层并将其命名为"符号"。选择"自定形状"工具 ，单击属性栏中的"形状"选项，弹出"形状"面板，单击右上方的按钮 ，并在弹出的下拉菜单中选择"全部"命令，弹出提示对话框，单击"追加"按钮，然后在形状选择面板中选择 "八分音符"图形，如图 7-25 所示。单击属性栏中的"填充像素"按钮 ，在图像窗口的左下方绘制一个图形，效果如图 7-26 所示。

步骤 6 选择"移动"工具 ，按住<Alt>的键的同时，向右拖曳鼠标复制符号图形，并在"图形"控制面板上方将"不透明度"选项设为 80%，效果如图 7-27 所示。

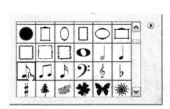

图 7-25   图 7-26   图 7-27

步骤 7 新建图层并将其命名为"符号 2"。选择"自定形状"工具 ，单击属性栏中的"形状"选项，弹出"形状"面板，选择"双八分音符"图形，如图 7-28 所示。单击属性栏中的"填充像素"按钮 ，在图像窗口的左下方绘制一个图形，效果如图 7-29 所示。

步骤 8 选择"移动"工具 ，按住<Alt>键的同时，向右上方拖曳鼠标复制符号 2 图形，并在

"图形"控制面板上方将"不透明度"选项设为90%，效果如图7-30所示。使用相同的方法再复制出一个符号2图形，并设置"不透明度"选项为80%，效果如图7-31所示。

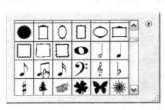
图7-28

图7-29

图7-30

图7-31

步骤 9 电脑促销广告背景制作完成，效果如图7-32所示。按<Ctrl>+<Shift>+<E>组合键，合并可见图层。按<Ctrl>+<S>组合键，弹出"存储为"对话框，将其命名为"电脑促销广告背景"，保存为TIFF格式，单击"保存"按钮，弹出"TIFF选项"对话框，单击"确定"按钮，将图像保存。

图7-32

Illustrator 应用

3. 添加标志和编辑广告语

步骤 1 打开Illustrator CS3软件，按<Ctrl>+<N>组合键，弹出"新建文档"对话框，单击"横向"按钮，显示为横向页面，选项的设置如图7-33所示，单击"确定"按钮，新建一个文档。选择"文件 > 置入"命令，弹出"置入"对话框，选择光盘中的"Ch07 > 效果 > 电脑促销广告设计 > 电脑促销广告背景"文件，单击"置入"按钮，将图片置入到页面中。在属性栏中单击"嵌入"按钮，嵌入图片。选择"选择"工具，拖曳图片到适当的位置，效果如图7-34所示。

图7-33

图7-34

步骤 2 将填充色设为白色。选择"圆角矩形"工具，在页面中单击，弹出"圆角矩形"对话框，选项的设置如图7-35所示，单击"确定"按钮，得到一个圆角矩形。选择"选择"工具，将圆角矩形拖曳到适当的位置，效果如图7-36所示。

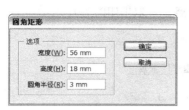

图 7-35

图 7-36

步骤 ③ 打开光盘中的"Ch07 > 素材 > 电脑促销广告设计 > 10"文件,按<Ctrl>+<A>组合键,将所有图形选取,按<Ctrl>+<C>组合键,复制图形。选择正在编辑的页面,按<Ctrl>+<V>组合键,将复制的图形粘贴到页面中,并调整其大小和位置,如图 7-37 所示。选择"文字"工具 T,在页面中输入需要的文字,选择"选择"工具 ▶,在属性栏中选择合适的字体并设置适当的文字大小,效果如图 7-38 所示。

图 7-37

图 7-38

步骤 ④ 选择"倾斜"工具 ☞,在文字上拖曳鼠标,倾斜后的效果如图 7-39 所示。选择"选择"工具 ▶,选取文字,按<Ctrl>+<Shif>+<O>组合键,将文字转换为轮廓,按<Ctrl>+<Shift>+<G>组合键,取消文字的组合,如图 7-40 所示。

图 7-39

图 7-40

步骤 ⑤ 选择"选择"工具 ▶,分别调整文字的位置和大小,如图 7-41 所示。选择"直接选择"工具 ▶,用圈选的方法将不需要的节点选取,如图 7-42 所示,按<Delete>键,将其删除,效果如图 7-43 所示。用相同的方法删除文字"歌"不需要的节点,效果如图 7-44 所示。

图 7-41

图 7-42

图 7-43

图 7-44

步骤 ⑥ 选择"钢笔"工具 ♦,在文字的适当位置绘制多个不规则图形,如图 7-45 所示。选择"选

边做边学——Photoshop+Illustrator 综合实训教程

中等职业教育数字艺术类规划教材

择"工具 ，按住<Shift>键的同时，将所绘制的图形和文字同时选取，选择"窗口 > 路径查找器"命令，弹出"路径查找器"控制面板，单击"与形状区域相加"按钮 ，如图 7-46 所示，生成新的对象。再单击"扩展"按钮 扩展 ，效果如图 7-47 所示。

图 7-45   图 7-46   图 7-47

步骤 7 选择"选择"工具 ，将文字拖曳到适当的位置，设置填充色为红色（其 C、M、Y、K 的值分别为：0、100、100、0），填充文字，效果如图 7-48 所示。并填充文字的描边色为白色，在"描边"控制面板中，单击"对齐描边"选项组中的"使描边外侧对齐"按钮，其他选项的设置如图 7-49 所示，文字效果如图 7-49 所示。

图 7-48   图 7-49   图 7-50

步骤 8 选择"文字"工具 T，分别在页面中输入需要的文字，选择"选择"工具 ，在属性栏中选择合适的字体和文字大小，设置文字填充色为红色（其 C、M、Y、K 的值分别为：0、100、100、0），分别填充文字，效果如图 7-51 所示。

图 7-51

步骤 9 选择"钢笔"工具 ，在文字的适当位置绘制不规则图形，如图 7-52 所示，填充图形为白色，并设置描边色为红色（其 C、M、Y、K 的值分别为：0、100、100、0），填充图形描边，在属性栏中将"描边粗细"选项设为 2，图形效果如图 7-53 所示。用相同的方法制作另一组文字效果，如图 7-54 所示。

图 7-52   图 7-53

图 7-54

步骤 10　选择"圆角矩形"工具 █，在页面中适当的位置绘制一个圆角矩形，设置填充色为红色（其 C、M、Y、K 的值分别为：0、100、100、0），填充图形，并设置描边色为无，效果如图 7-55 所示。选择"文字"工具 T，在圆角矩形上输入需要的文字，选择"选择"工具 █，在属性栏中选择合适的字体并设置适当的文字大小，填充文字为白色，效果如图 7-56 所示。

图 7-55

图 7-56

4. 添加图标和文字

步骤 1　选择"文字"工具 T，在页面下方输入需要的文字，选择"选择"工具 █，在属性栏中选择合适的字体并设置适当的文字大小，设置文字填充色为红色，（其 C、M、Y、K 的值分别为：0、100、100、0），填充文字，效果如图 7-57 所示。

图 7-57

步骤 2　选择"文字"工具 T，在页面下方输入需要的文字，选择"选择"工具 █，在属性栏中选择合适的字体并设置适当的文字大小，效果如图 7-58 所示。选择"文字"工具 T，在适当的位置单击插入光标，选择"文字 > 字形"命令，在弹出的"字形"面板中按需要进行设置并选择需要的字形，如图 7-59 所示，双击鼠标插入字形，效果如图 7-60 所示。设置填充色为绿色（其 C、M、Y、K 的值分别为：60、0、40、20），填充图形，效果如图 7-61 所示。

图 7-58

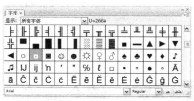

图 7-59

■ 促销日期：2011年8月18日至8月28日　　□ 促销日期：2011年8月18日至8月28日

图 7-60 　　　　　　　　　　　　　　　　　　图 7-61

步骤 3　选择"选择"工具 █，选中字形图标，按住<Alt>键的同时，拖曳图标到适当位置复制图标，效果如图 7-62 所示。用相同的方法复制多个字形图标，效果如图 7-63 所示。

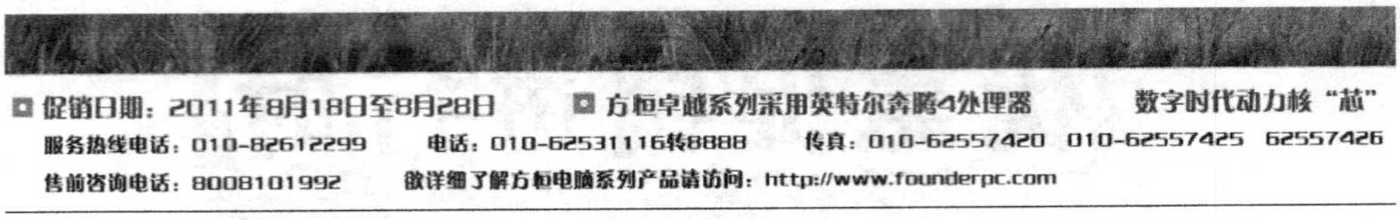

促销日期：2011年8月18日至8月28日
方恒卓越系列采用英特尔奔腾4处理器
数字时代动力核“芯”
服务热线电话：010-82612299
电话：010-62531116转8888
传真：010-62557420 010-62557425 62557426
售前咨询电话：8008101992
欲详细了解方恒电脑系列产品请访问：http://www.founderpc.com

图 7-62

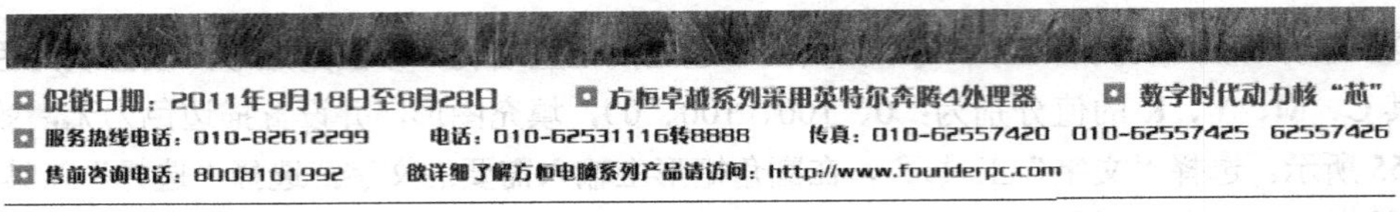

促销日期：2011年8月18日至8月28日
方恒卓越系列采用英特尔奔腾4处理器
数字时代动力核“芯”
服务热线电话：010-82612299
电话：010-62531116转8888
传真：010-62557420 010-62557425 62557426
售前咨询电话：8008101992
欲详细了解方恒电脑系列产品请访问：http://www.founderpc.com

图 7-63

步骤 4 选择“矩形”工具，在适当的位置绘制一个矩形，设置填充色为绿色（其 C、M、Y、K 的值分别为：60、0、40、20），填充图形，并设置描边色为无，效果如图 7-64 所示。选择“文字”工具 T，在矩形上输入需要的白色文字，选择“选择”工具，在属性栏中选择合适的字体并设置适当的文字大小，效果如图 7-65 所示。

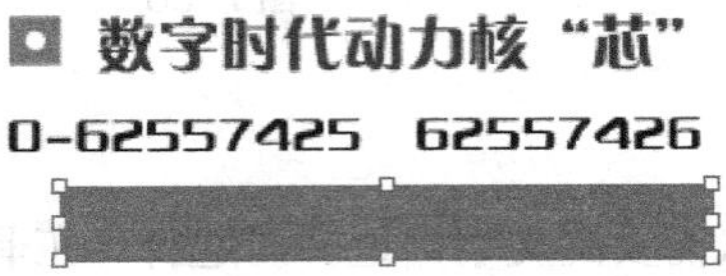

数字时代动力核“芯”
010-62557425 62557426

图 7-64

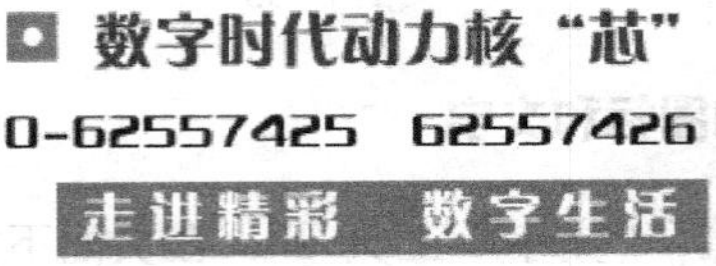

数字时代动力核“芯”
010-62557425 62557426
走进精彩 数字生活

图 7-65

步骤 5 选择“文字”工具 T，分别在适当的位置输入需要的文字，选择“选择”工具，分别在属性栏中选择合适的字体并设置适当的文字大小，效果如图 7-66 所示。电脑促销广告制作完成，效果如图 7-67 所示。按<Ctrl>+<S>组合键，弹出“存储为”对话框，将其命名为“电脑促销广告”，保存为 AI 格式，单击“保存”按钮，将图像保存。

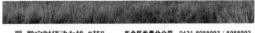

数字时代动力核“芯”
010-62557425 62557426
走进精彩 数字生活
东北区长春分公司 0431-8988993 / 8988992
长春双达 0431-5676718 大连分公司 0411-4312181/4312182 大连广亿 0411-3641852
北京北大方恒科技有限公司

图 7-66

方恒电脑
方恒电脑
秋日欢歌
优惠促销进行时
北京北大方恒科技有限公司

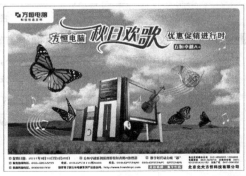

图 7-67

7.2 综合演练——打印机产品广告设计

在 Photoshop 中，使用渐变工具和钢笔工具制作背景底图。使用钢笔工具、渐变工具和加深工具制作海岸效果。使用钢笔工具和画笔工具制作装饰线条和图形。在 Illustrator 中，使用置入命令和外发光命令制作图片的发光效果。使用文字工具、渐变工具和描边命令添加广告语。使用钢笔工具、圆角矩形工具、文字工具和符号面板制作装饰底图和图标。（最终效果参看光盘中的“Ch07 > 效果 > 打印机产品广告设计 > 打印机产品广告”，如图 7-68 所示。）

图 7-68

7.3 综合演练——房地产广告设计

在 Photoshop 中，使用渐变工具和木刻滤镜命令制作房地产广告背景。在 Illustrator 中，使用投影命令为底图添加投影。使用剪切蒙版命令制作图片的剪切效果。使用凸出和斜角命令制作标志图形的立体效果。使用字形命令为文档添加字形。（最终效果参看光盘中的"Ch07 > 效果 > 房地产广告设计 > 房地产广告"，如图 7-69 所示。）

图 7-69

第8章 宣传册设计

宣传册可以起到有效宣传企业或产品的作用，能够提高企业的知名度和产品的认知度，本章通过宣传册封面和内页的设计流程，介绍如何把握整体风格，设定设计细节，并详细地讲解宣传册设计的知识要点和制作方法。

 课堂学习目标

- 在 Photoshop 软件中制作汽车广告的背景和产品图片
- 在 Illustrator 软件中制作广告文字和其他宣传信息

8.1 汽车宣传册封面设计

8.1.1 【案例分析】

本例是为汽车公司设计制作汽车宣传册封面。要求设计简洁明快，突出时尚和科技感，能体现出公司严谨认真的经营理念和专业优质的服务精神。

8.1.2 【设计理念】

蓝色的背景给人张弛感，展现出洗练和时尚的印象，体现出科技感和时代性。银灰色的添加使画面散发出高雅的情调，增添了雅致的氛围。用图标及大小不同的文字介绍公司的相关信息。整体设计简洁大气，主题突出。（最终效果参看光盘中的"Ch08 > 效果 > 汽车宣传册封面设计 > 汽车宣传册封面"，如图 8-1 所示。）

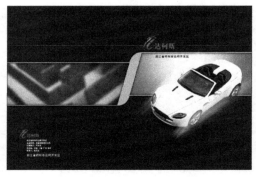

图 8-1

8.1.3 【操作步骤】

Photoshop 应用

1. 制作宣传册封面底图

步骤 1 按<Ctrl>+<N>组合键，新建一个文件：宽度为 42.6cm，高度为 29.1cm，分辨率为 300 像素/英寸，颜色模式为 RGB，背景内容为白色。按<Ctrl>+<R>组合键，图像窗口中出现标尺。选择"移动"工具 ，从图像窗口的水平标尺和垂直标尺中拖曳出需要的参考线，效果如图 8-2 所示。将前景色设为深蓝色（其 R、G、B 的值分别为 0、61、109），按<Alt>+<Delete>组合键，用前景色填充"背景"图层，效果如图 8-3 所示。

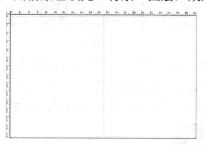

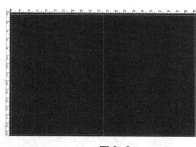

图 8-2   图 8-3

步骤 2 单击"图层"控制面板下方的"创建新图层"按钮 ，生成新的图层并将其命名为"图框"。选择"钢笔"工具 ，单击属性栏中的"路径"按钮 ，在适当的位置绘制路径，如图 8-4 所示。单击属性栏中的"从选区减去"按钮 ，再绘制两个路径，如图 8-5 所示。按<Ctrl>+<Enter>组合键，将路径转化为选区，如图 8-6 所示。将前景色设为灰色（其 R、G、B 的值分别为 201、202、203），按<Alt>+<Delete>组合键，用前景色填充选区，按<Ctrl>+<D>组合键，取消选区，效果如图 8-7 所示。

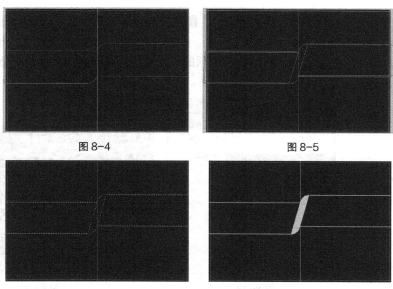

图 8-4   图 8-5

图 8-6   图 8-7

步骤 3 单击"图层"控制面板下方的"添加图层样式"按钮 *fx.*，在弹出的下拉菜单中选择"投影"命令，弹出对话框，选项的设置如图 8-8 所示，单击"确定"按钮，效果如图 8-9 所示。

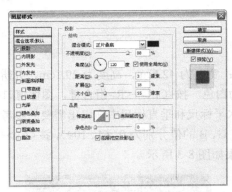

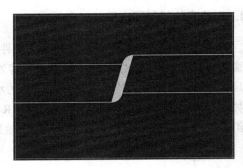

图 8-8   图 8-9

步骤 4 按<Ctrl>+<O>组合键，打开光盘中的"Ch08 > 素材 > 汽车宣传册封面设计 > 01"文件。选择"移动"工具 ▶+，将图像拖曳到图像窗口的适当位置，并调整其大小，效果如图 8-10 所示，在"图层"控制面板中生成新的图层并将其命名为"图片"，如图 8-11 所示。

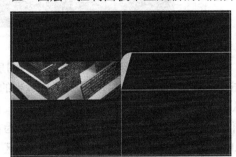

图 8-10   图 8-11

步骤 5 在"图层"控制面板中，拖曳"图片"图层到控制面板下方的"创建新图层"按钮 上进行复制，生成新的"图片 副本"图层，如图 8-12 所示。选择"滤镜 > 模糊 > 高斯模糊"命令，弹出"高斯模糊"对话框，选项的设置如图 8-13 所示，单击"确定"按钮，效果如图 8-14 所示。

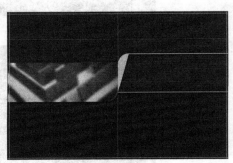

图 8-12   图 8-13   图 8-14

步骤 6 按<Ctrl>+<Alt>+<G>组合键,为"图片 副本"图层创建剪贴蒙版,如图 8-15 所示,"图层"面板如图 8-16 所示。

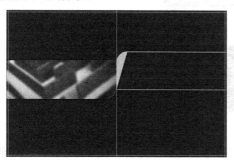

图 8-15   图 8-16

步骤 7 新建图层并将其命名为"图形"。将前景色设为灰色(其 R、G、B 的值分别为 84、106、121)。选择"钢笔"工具 ,单击属性栏中的"路径"按钮 ,在适当的位置绘制一个路径,如图 8-17 所示。按<Ctrl>+<Enter>组合键,将路径转化为选区,按<Alt>+<Delete>组合键,用前景色填充选区,按<Ctrl>+<D>组合键,取消选区,效果如图 8-18 所示。

图 8-17   图 8-18

步骤 8 单击"图层"控制面板下方的"创建新图层"按钮 ,生成新的图层并将其命名为"羽化"。将前景色设为白色。选择"椭圆"工具 ,按住<Shift>+<Alt>组合键的同时,在图像窗口的适当位置绘制一个圆形选区。按<Ctrl>+<Alt>+<D>组合键,弹出"羽化选区"对话框,选项的设置如图 8-19 所示,单击"确定"按钮。按<Alt>+<Delete>组合键,用前景色填充选区,按<Ctrl>+<D>组合键,取消选区,效果如图 8-20 所示。

图 8-19   图 8-20

步骤 9 按<Ctrl>+<Alt>+<G>组合键,为"羽化"图层创建剪贴蒙版,效果如图 8-21 所示,图层面板如图 8-22 所示。

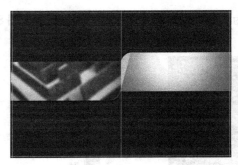

图 8-21　　　　　　　　　　　　　　图 8-22

步骤10 选择"图框"图层，将其拖曳到所有图层的上方，如图 8-23 所示，图像窗口中的效果如图 8-24 所示。

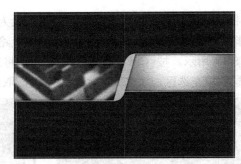

图 8-23　　　　　　　　　　　图 8-24

2. 制作图片阴影效果

步骤1 单击"图层"控制面板下方的"创建新组"按钮 ⬜ ，生成新的图层组并将其命名为"汽车"，如图 8-25 所示。按<Ctrl>+<O>组合键，打开光盘中的"Ch08 > 素材 > 汽车宣传册设计 > 02"文件。选择"移动"工具 ，将图片拖曳到图像窗口的适当位置，并调整图片的大小，效果如图 8-26 所示。在"图层"控制面板中生成新的图层并将其命名为"汽车"，如图 8-27 所示。

图 8-25　　　　　　　图 8-26　　　　　　　图 8-27

步骤2 单击"图层"控制面板下方的"创建新图层"按钮 ⬜ ，生成新的图层并将其命名为"阴影"，如图 8-28 所示。将前景色设为黑色。按住<Ctrl>键的同时，单击"图层"控制面板中的"汽车"图层缩览图，图像周围生成选区。按<Alt>+<Delete>组合键，用前景色填充选区。按<Ctrl>+<D>组合键，取消选区，效果如图 8-29 所示。

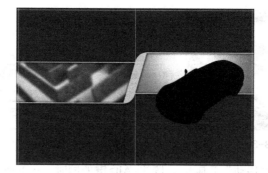

图 8-28　　　　　　　　　　　　　　　图 8-29

步骤 3　选择"滤镜 > 模糊 > 高斯模糊"命令，弹出"高斯模糊"对话框，选项的设置如图 8-30 所示，单击"确定"按钮，效果如图 8-31 所示。在"图层"控制面板上方，将图层的"不透明度"选项设为 33%，效果如图 8-32 所示。

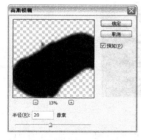

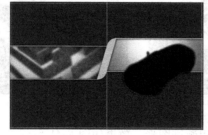

图 8-30　　　　　　　　　　图 8-31　　　　　　　　　　图 8-32

步骤 4　选择"移动"工具 ，拖曳阴影图形到适当的位置，效果如图 8-33 所示。在"图层"控制面板中，将拖曳"阴影"图层到"汽车"图层的下方，如图 8-34 所示，图像窗口中的效果如图 8-35 所示。

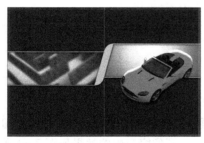

图 8-33　　　　　　　　　　图 8-34　　　　　　　　　　图 8-35

3. 添加装饰图形

步骤 1　选中"汽车"图层。单击"图层"控制面板下方的"创建新图层"按钮 ，生成新的图层并将其命名为"装饰"。将前景色设为白色。选择"钢笔"工具 ，单击属性栏中的"路径"按钮 ，在适当的位置绘制路径，如图 8-36 所示。按<Ctrl>+<Enter>组合键，将路径转换为选区。按<Ctrl>+<Alt>+<D>组合键，弹出"羽化选区"对话框，选项的设置如图 8-37 所示，单击"确定"按钮，羽化选区。按<Alt>+<Delete>组合键，用前景色填充选区，并在"图层"控制面板中将该图层的"不透明度"选项设为 50%，效果如图 8-38 所示。

图 8-36　　　　　　　　图 8-37　　　　　　　　图 8-38

步骤 2 选择"移动"工具 ，按住<Alt>键的同时，向下拖曳图形到适当位置，复制装饰图形，效果如图 8-39 所示。用相同的方法复制多个装饰图形，并分别调整其不透明度，效果如图 8-40 所示。

图 8-39　　　　　　　　　　　　图 8-40

步骤 3 使用相同的方法绘制另一组装饰图形，效果如图 8-41 所示。在"图层"控制面板中，按住<Ctrl>键的同时，选择所有装饰图形的图层，按<Ctrl>+<E>组合键，合并图层，并将其命名为"装饰"，如图 8-42 所示。

图 8-41　　　　　　　　　　　图 8-42

步骤 4 在"图层"控制面板中，拖曳"装饰"图层到面板下方的"创建新图层"按钮 上进行复制，生成新的"装饰 副本"图层，如图 8-43 所示，图像窗口中的效果如图 8-44 所示。

图 8-43　　　　　　　　图 8-44

步骤 5 在"图层"控制面板上方将"装饰 副本"图层的"不透明度"选项设为 42%，拖曳到"阴影"图层的下方，如图 8-45 所示。选择"移动"工具 ，拖曳复制的装饰图形到适当位置，效果如图 8-46 所示。

图 8-45　　　　　　　　图 8-46

步骤 6 按<Ctrl>+<R>组合键，隐藏标尺。按<Ctrl>+<;>组合键，隐藏参考线。按<Shift>+<Ctrl>+<E>组合键，合并可见图层。汽车宣传册封面背景制作完成，效果如图 8-47 所示。按<Ctrl>+<S>组合键，弹出"存储为"对话框，将其命名为"宣传册封面背景"，保存为 TIFF 格式，单击"保存"按钮，弹出"TIFF 选项"对话框，单击"确定"按钮，将图像保存。

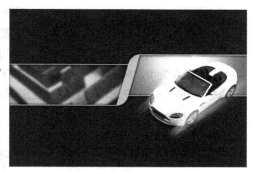

图 8-47

Illustrator 应用

4. 制作企业标志

步骤 1 打开 Illustrator CS3 软件，按<Ctrl>+<N>组合键，弹出"新建文档"对话框，单击"横向"按钮 ，显示为横向页面，其他选项的设置如图 8-48 所示，单击"确定"按钮，新建一个文档。选择"文件 > 置入"命令，弹出"置入"对话框，选择光盘中的"Ch08 > 效果 > 汽车宣传册封面设计 > 宣传册封面背景"文件，单击"置入"按钮，将图片置入到页面中。在属性栏中单击"嵌入"按钮，嵌入图片。选择"选择"工具 ，拖曳图片到适当的位置，效果如图 8-49 所示。

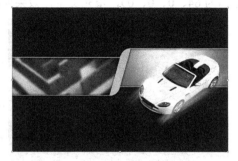

图 8-48　　　　　　　　　　　　　　　图 8-49

步骤 2 选择"钢笔"工具 ⟋ ，在页面中绘制一个图形，如图 8-50 所示。用相同的方法绘制标志中的其他图形，效果如图 8-51 所示。

图 8-50

图 8-51

步骤 3 选择"选择"工具 ▶ ，用圈选的方法将所有图形同时选取，在图形上单击鼠标右键，在弹出的快捷菜单中选择"建立复合路径"命令，如图 8-52 所示，建立复合路径。双击"渐变"工具 ▦ ，弹出"渐变"控制面板，在色带上设置 3 个渐变滑块，分别将渐变滑块的位置设为 0、50、100，并设置 CMYK 的值分别为：0（36、0、5、0）、50（68、15、6、0）、100（83、59、25、0），其他选项的设置如图 8-53 所示，图形被填充渐变色，并设置描边色为无，效果如图 8-54 所示。

图 8-52

图 8-53

图 8-54

步骤 4 选择"选择"工具 ▶ ，拖曳图形到适当的位置并调整其大小，效果如图 8-55 所示。选择"文字"工具 T ，在页面的适当位置输入需要的文字。选择"选择"工具 ▶ ，在属性栏中选择合适的字体并设置适当的文字大小，设置文字填充色为蓝色（其 C、M、Y、K 的值分别为 64、0、0、0），填充文字，效果如图 8-56 所示。

图 8-55

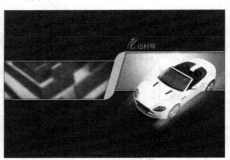
图 8-56

5. 添加内容文字

步骤 **1** 　选择"文字"工具 **T**，在页面的适当位置输入需要的文字。选择"选择"工具 ，在属性栏中选择合适的字体并设置适当的文字大小，效果如图 8-57 所示。

步骤 **2** 　选择"选择"工具 ，用圈选的方法将需要的图形和文字同时选取，按<Ctrl>+<G>组合键，将其编组，如图 8-58 所示。按住<Alt>键的同时，向页面左下方拖曳鼠标复制编组图形，并调整其大小，效果如图 8-59 所示。

图 8-57　　　　　　　　　　　　　　　　　图 8-58

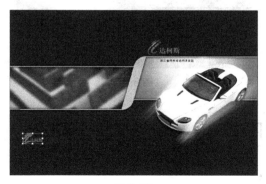

图 8-59

步骤 **3** 　选择"文字"工具 **T**，在页面的左下方输入需要的文字。选择"选择"工具 ，在属性栏中选择合适的字体并设置适当的文字大小，填充文字为白色，效果如图 8-60 所示。用相同的方法输入公司的地址，效果如图 8-61 所示。

图 8-60　　　　　　　　　　　　　　　图 8-61

步骤 **4** 　选择"直线段"工具 ，按住<Shift>键的同时，水平拖曳出一条直线，选择"窗口 >

描边"命令，弹出"描边"控制面板，选项的设置如图 8-62 所示，将直线填充为白色，效果如图 8-63 所示。选择"选择"工具 ，拖曳线条到适当的位置，取消直线的选取状态，效果如图 8-64 所示。

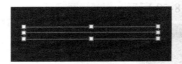

| 图 8-62 | 图 8-63 | 图 8-64 |

步骤 5 汽车宣传册封面制作完成，效果如图 8-65 所示。按<Ctrl>+<S>组合键，弹出"存储为"对话框，将其命名为"汽车宣传册封面"，保存为 AI 格式，单击"保存"按钮，将图像保存。

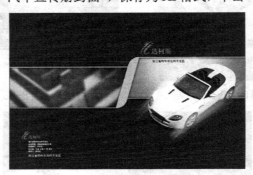

图 8-65

8.2 宣传册内页 I

8.2.1 【案例分析】

本例是为汽车公司设计制作宣传册内页 1。要求与封面设计相呼应，能体现出公司新车的特点和外观特征。

8.2.2 【设计理念】

使用蓝色的背景图与封面设计相呼应，给人连贯统一的印象。使用橘黄色作为标题的颜色，起到强调的作用并能吸引读者的视线，同时它也是希望的颜色，代表着公司充满希望的未来。通过图片和文字的排列展示出新车的外观和相关信息，宣传性强。（最终效果参看光盘中的"Ch08 > 效果 > 宣传册内页 1 > 宣传册内页 1"，如图 8-66 所示。）

图 8-66

8.2.3 【操作步骤】

Photoshop 应用

1. 制作图片渐隐效果

步骤 1 按<Ctrl>+<N>组合键，新建一个文件：宽度为 21.3cm，高度为 29.1cm，分辨率为 300 像素/英寸，颜色模式为 RGB，背景内容为白色。

步骤 2 按<Ctrl>+<O>组合键，打开光盘中的"Ch08 > 素材 > 宣传册内页 1 设计 > 01"文件，如图 8-67 所示。选择"移动"工具 ，将图片拖曳到图像窗口的适当位置，并调整其大小，效果如图 8-68 所示，在"图层"控制面板中生成新的图层并将其命名为"图片"。

图 8-67   图 8-68

步骤 3 单击"图层"控制面板下方的"创建新图层"按钮 ，生成新的图层并将其命名为"天空"。选择"渐变"工具 ，单击属性栏中的"点按可编辑渐变"按钮 ，弹出"渐变编辑器"对话框，在"位置"选项中分别输入 0、50、100 几个位置点，并分别设置位置点颜色的 RGB 值为：0（25、44、64）、50（22、102、232）、100（49、155、146），如图 8-69 所示，单击"确定"按钮。单击属性栏中的"线性渐变"按钮 ，按住<Shift>的键的同时，在图像窗口中由上至下拖曳渐变，效果如图 8-70 所示。

图 8-69   图 8-70

步骤 4 单击"图层"控制面板下方的"添加图层蒙版"按钮 ，为"天空"图层添加蒙版，如图 8-71 所示。选择"渐变"工具 ，单击属性栏中的"点按可编辑渐变"按钮 ，弹出"渐变编辑器"对话框,将渐变色设为从白色到黑色,如图 8-72 所示,单击"确定"按钮。在图片上由上至下拖曳渐变,编辑状态如图 8-73 所示,松开鼠标左键,效果如图 8-74所示。

| 图 8-71 | 图 8-72 | 图 8-73 | 图 8-74 |

步骤 5 单击"图层"控制面板下方的"创建新图层"按钮 □ ,生成新的图层并将其命名为"填色",如图 8-75 所示。设置前景色为绿色(其 R、G、B 的值分别为 54、156、149)。选择"画笔"工具 ✎ ,单击属性栏中的"画笔"按钮·,弹出画笔选择面板,在面板中选择需要的画笔形状,其他选项的设置如图 8-76 所示。在图像窗口中拖曳鼠标绘制图形,效果如图 8-77 所示。

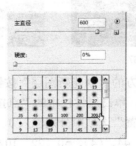

| 图 8-75 | 图 8-76 | 图 8-77 |

步骤 6 在"图层"控制面板上方,将"填色"图层的混合模式选项设为"柔光",如图 8-78 所示。内页 1 左背景图制作完成,效果如图 8-79 所示。按<Shift>+<Ctrl>+<E>组合键,合并可见图层。按<Ctrl>+<S>组合键,弹出"存储为"对话框,将其命名为"内页 1 左背景图",保存为 TIFF 格式,单击"保存"按钮,弹出"TIFF 选项"对话框,单击"确定"按钮,将图像保存。

| 图 8-78 | 图 8-79 |

Illustrator **应用**

2. 制作内页 1 底图

步骤 1 打开 Illustrator CS3 软件，按<Ctrl>+<N>组合键，弹出"新建文档"对话框，单击"横向"按钮 ，显示为横向页面，其他选项的设置如图 8-80 所示，单击"确定"按钮，新建一个文档。按<Ctrl>+<R>组合键，显示标尺。选择"选择"工具 ，在垂直标尺上拖曳一条垂直参考线。选择"窗口 > 变换"命令，弹出"变换"面板，并在面板中将"X"值设为21.3cm，如图 8-81 所示，按<Enter>键，效果如图 8-82 所示。

图 8-80　　　　　　　　　　　　　　　　图 8-81

图 8-82

步骤 2 选择"文件 > 置入"命令，弹出"置入"对话框，选择光盘中的"Ch08 > 效果 > 宣传册内页 1 > 内页 1 左背景图"文件，单击"置入"按钮，将图片置入到页面中。在属性栏中单击"嵌入"按钮，嵌入图片。选择"选择"工具 ，拖曳图片到适当的位置，效果如图 8-83 所示。

图 8-83

3. 添加图形和文字

步骤 1 选择"矩形"工具 ▭，在页面的左上角绘制一个矩形，填充为白色，并设置描边色为橘黄色（其 C、M、Y、K 的值分别为 0、40、100、0），填充描边。在属性栏中将"描边粗细"选项设为 0.5，效果如图 8-84 所示。在矩形上再绘制一个矩形，设置填充色为橘黄色（其 C、M、Y、K 的值分别为 0、53、100、0），填充图形，并设置描边色为无，效果如图 8-85 所示。选择"选择"工具 ▶，按住<Shift>键的同时，将所绘制的两个矩形同时选取，按<Ctrl>+<G>组合键，将其编组，如图 8-86 所示。

图 8-84　　　　　　　　　图 8-85　　　　　　　　　图 8-86

步骤 2 选择"文字"工具 T，在白色矩形上输入需要的文字。选择"选择"工具 ▶，在属性栏中选择合适的字体并设置文字大小，设置文字填充色为橘黄色（其 C、M、Y、K 的值分别为 0、53、100、0），填充文字，效果如图 8-87 所示。选择"文字"工具 T，在橘黄色矩形上输入需要的白色文字。选择"选择"工具 ▶，在属性栏中选择合适的字体并设置文字大小。选择"文字"工具 T，选中"XINCHE"字母，在"字符"面板中将"水平缩放"选项 T 设为 123，效果如图 8-88 所示。

图 8-87　　　　　　　　　图 8-88

步骤 3 选择"选择"工具 ▶，用圈选的方法将需要的文字和图形同时选取，按住<Alt>键的同时，向页面右侧拖曳鼠标复制文字和图形，效果如图 8-89 所示。选择"文字"工具 T，在"01"文本框中单击鼠标插入光标，将"1"改为"2"，选择"选择"工具 ▶，效果如图 8-90 所示。

图 8-89　　　　　　　　　图 8-90

步骤 4 选择"文字"工具 T，在页面的适当位置输入需要的白色文字。选择"选择"工具 ▶，在属性栏中选择合适的字体并设置文字大小，文字的效果如图 8-91 所示。选择"直线段"工具 ，按住<Shift>键的同时，在适当的位置绘制一条直线，如图 8-92 所示。填充描边色为白色，在属性栏中将"描边粗细"选项设为 0.5，取消直线的选取状态，效果如图 8-93 所示。

图 8-91 　　　　　　　　　图 8-92 　　　　　　　　　图 8-93

步骤 5 选择"文字"工具 T，拖曳出一个文本框，在属性栏中选择适当的字体并设置文字大小，在文本框中输入需要的白色文字，效果如图 8-94 所示。在适当的位置再次输入需要的白色文字，选择"选择"工具 ，在属性栏中选择合适的字体并设置文字大小，效果如图 8-95 所示。

图 8-94 　　　　　　　　　　　图 8-95

步骤 6 选择"直线段"工具 ，按住<Shift>键的同时，在适当的位置绘制一条直线，设置描边色为白色，如图 8-96 所示。在"描边"控制面板中，选中"虚线"复选框，文本框被激活，选项的设置如图 8-97 所示，效果如图 8-98 所示。选择"选择"工具 ，按住<Alt>+<Shift>组合键的同时，垂直向下拖曳虚线到适当的位置，复制虚线，效果如图 8-99 所示。

图 8-96 　　　　　　　　图 8-97 　　　　　　　　图 8-98 　　　　　　　　图 8-99

步骤 7 选择"文字"工具 T，在页面中输入需要的文字。选择"选择"工具 ，在属性栏中选择合适的字体并设置文字大小。在"字符"控制面板中将"设置所选字符的字符间距调整"选项 设为 20，文字效果如图 8-100 所示。按<Ctrl>+<Shift>+<O>组合键，将文字转换为轮廓。填充描边色为白色，在"描边"控制面板中，单击"对齐描边"选项组中的"使描边外侧对齐"按钮□，其他选项的设置如图 8-101 所示，效果如图 8-102 所示。

图 8-100   图 8-101   图 8-102

步骤 8 选择"文字"工具 T，在页面中输入需要的白色文字。选择"选择"工具 ，在属性栏中选择合适的字体并设置文字大小。在"字符"控制面板中将"设置所选字符的字符间距调整"选项 设为 60，文字效果如图 8-103 所示。选择"文字"工具 T，在页面中输入需要的文字。选择"选择"工具 ，在属性栏中选择合适的字体并设置文字大小。设置文字填充色为红色（其 C、M、Y、K 的值分别为 0、100、100、30），填充文字。在"字符"控制面板中将"设置所选字符的字符间距调整"选项 设为 160，文字效果如图 8-104 所示。

图 8-103   图 8-104

4. 添加并编辑图片

步骤 1 选择"文件 > 置入"命令，弹出"置入"对话框，选择光盘中的"Ch08 > 素材 > 宣传册内页 1 > 03"文件，单击"置入"按钮，将图片置入到页面中。在属性栏中单击"嵌入"按钮，嵌入图片。选择"选择"工具 ，拖曳图片到适当的位置，效果如图 8-105 所示。选择"矩形"工具□，在图片上绘制一个矩形，如图 8-106 所示。

图 8-105   图 8-106

步骤 2　选择"选择"工具 ▶，按住<Shift>键的同时，单击矩形下方的图片，将其同时选取，如图 8-107 所示。按<Ctrl>+<7>组合键，建立剪切蒙版，取消图片的选取状态，效果如图 8-108 所示。

图 8-107　　　　　　　　　图 8-108

步骤 3　选择"文件 > 置入"命令，弹出"置入"对话框，选择光盘中的"Ch08 > 素材 > 宣传册内页 1 > 03"文件，单击"置入"按钮，将图片置入到页面中。在属性栏中单击"嵌入"按钮，嵌入图片。选择"选择"工具 ▶，拖曳图片到适当的位置，如图 8-109 所示。选择"矩形"工具 ▭，在图片上绘制一个矩形，如图 8-110 所示。

图 8-109　　　　　　　　　图 8-110

步骤 4　选择"选择"工具 ▶，按住<Shift>键的同时，单击矩形下方的图片，将其同时选取，如图 8-111 所示。按<Ctrl>+<7>组合键，建立剪切蒙版，取消图片的选取状态，效果如图 8-112 所示。用相同的方法，将素材 04、05 文件置入，并制作剪切蒙版，效果如图 8-113 所示。

步骤 5　选择"直线段"工具 ＼，按住<Shift>键的同时，在适当的位置绘制一条直线，如图 8-114 所示。设置描边色为橘黄色（其 C、M、Y、K 的值分别为 0、53、100、0），填充描边，效果如图 8-115 所示。

  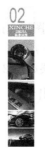  

图 8-111　　　　　图 8-112　　　　　图 8-113　　　　　图 8-114　　　　图 8-115

5. 添加内容文字

步骤 1 选择"文字"工具 T，在页面的适当位置输入需要的文字。选择"选择"工具 ，在属性栏中选择合适的字体并设置文字大小，如图 8-116 所示。选择"直线段"工具 ，按住 <Shift>键的同时，在适当的位置绘制一条直线。在属性栏中设置"描边粗细"选项为 0.5，取消选取状态，效果如图 8-117 所示。

图 8-116 图 8-117

步骤 2 选择"直线段"工具 ，按住<Shift>键的同时，在适当的位置绘制一条直线，如图 8-118 所示。在"描边"控制面板中，选中"虚线"复选框，文本框被激活，选项的设置如图 8-119 所示，效果如图 8-120 所示。

宏伟手笔｜震撼出世

宏伟手笔｜震撼出世

图 8-118 图 8-119 图 8-120

步骤 3 选择"钢笔"工具 ，在页面的适当位置绘制一个图形，如图 8-121 所示。设置填充色为橘红色（其 C、M、Y、K 的值分别为 0、68、92、0），填充图形，效果如图 8-122 所示。

图 8-121 图 8-122

步骤 4 选择"选择"工具 ，选中图形，按住<Alt>键的同时，拖曳图形到适当的位置，复制图形，并调整其大小，如图 8-123 所示。设置填充色为灰色（其 C、M、Y、K 的值分别为 14、10、11、0），填充图形，效果如图 8-124 所示。

图 8-123 图 8-124

步骤 5 选择"文字"工具 **T**,在适当的位置输入需要的文字。选择"选择"工具 **▶**,在属性栏中选择合适的字体并设置文字大小,如图 8-125 所示。设置文字填充色为灰色(其 C、M、Y、K 的值分别为 0、0、0、80),填充文字,效果如图 8-126 所示。在"字符"控制面板中,将"设置所选字符的字符间距调整"选项 **AV** 设置为 40,文字效果如图 8-127 所示。

图 8-125　　　　　　　　图 8-126　　　　　　　　图 8-127

步骤 6 选择"文字"工具 **T**,在适当的位置输入需要的文字。选择"选择"工具 **▶**,在属性栏中选择合适的字体并设置文字大小,效果如图 8-128 所示。设置文字填充色为灰色(其 C、M、Y、K 的值分别为 0、0、0、80),填充文字,效果如图 8-129 所示。

图 8-128　　　　　　　　图 8-129

步骤 7 选择"倾斜" **◿**,弹出"倾斜"对话框,选项的设置如图 8-130 所示,单击"确定"按钮,效果如图 8-131 所示。

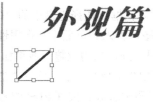 

图 8-130　　　　　　　　图 8-131

步骤 8 选择"钢笔"工具 **◊**,在页面的适当位置绘制一条斜线,如图 8-132 所示。设置描边色为橘红色(其 C、M、Y、K 的值分别为 0、73、92、0),填充描边。在属性栏中将"描边粗细"选项设为 0.5,效果如图 8-133 所示。

图 8-132　　　　　　　　图 8-133

中等职业教育数字艺术类规划教材

步骤 9 选择"选择"工具 ▶，选中斜线，按住<Alt>+<Shift>组合键的同时，水平向右拖曳斜线到适当的位置，复制一条斜线，效果如图 8-134 所示。双击"混合"工具 ，弹出"混合选项"对话框，选项的设置如图 8-135 所示，单击"确定"按钮。分别在两条斜线上单击，混合效果如图 8-136 所示。

图 8-134　　　　　　　　　图 8-135　　　　　　　　　图 8-136

步骤 10 选择"钢笔"工具 ，在页面的适当位置绘制一个图形，如图 8-137 所示。设置填充色为橘红色（其 C、M、Y、K 的值分别为 0、73、92、0），填充图形，并设置描边色为无，效果如图 8-138 所示。

图 8-137　　　　　　　　　　　　　图 8-138

步骤 11 选择"文字"工具 T，在适当的位置输入需要的白色文字。选择"选择"工具 ▶，在属性栏中选择合适的字体并设置文字大小，效果如图 8-139 所示。选择"文字"工具 T，拖曳出一个文本框，在属性栏中选择合适的字体并设置文字大小，输入需要的文字，如图 8-140 所示。设置文字填充色为灰色（其 C、M、Y、K 的值分别为 0、0、0、70），填充文字，效果如图 8-141 所示。

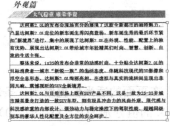
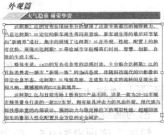

图 8-139　　　　　　　　　图 8-140　　　　　　　　　图 8-141

步骤 12 选择"文件 > 置入"命令，弹出"置入"对话框，选择光盘中的"Ch08 > 素材 > 宣传册内页 1 > 02"文件，单击"置入"按钮，将图片置入到页面中。在属性栏中单击"嵌入"按钮，嵌入图片。选择"选择"工具 ▶，拖曳图片到适当的位置，效果如图 8-142 所示。选择"矩形"工具 □，在图片上绘制一个矩形，如图 8-143 所示。选择"选择"工具 ▶，按住<Shift>键的同时，单击矩形下方的图片，将其同时选取。按<Ctrl>+<7>组合键，建立剪切蒙版，取消图片的选取状态，效果如图 8-144 所示。

图 8-142　　　　　　　　图 8-143　　　　　　　　图 8-144

步骤 13 宣传册内页 1 制作完成，效果如图 8-145 所示。按<Ctrl>+<S>组合键，弹出"存储为"对话框，将其命名为"宣传册内页 1"，保存为 AI 格式，单击"保存"按钮，将文件保存。

图 8-145

8.3　宣传册内页 2

8.3.1　【案例分析】

本例是为汽车公司设计制作宣传册内页 2。要求通过图片和文字的编排，能准确的展示出新车高效、快捷的性能。

8.3.2　【设计理念】

标题的设计与用色和内页 1 相同，给人统一感。线条与汽车的结合突出宣传的主体，展示出快速、新颖的设计理念。使用表格巧妙地将相关信息组织起来，达到既展示内容，又很好地组织页面的效果，使内容更加清晰、明确。（最终效果参看光盘中的"Ch08 > 效果 > 宣传册内页 2 > 宣传册内页 2"，如图 8-146 所示。）

图 8-146

8.3.3 【操作步骤】

Illustrator 应用

1. 制作内页 2 背景

步骤 1 按<Ctrl>+<N>组合键，弹出"新建文档"对话框，单击"横向"按钮，显示为横向页面，其他选项的设置如图 8-147 所示，单击"确定"按钮，新建一个文档，如图 8-148 所示。

图 8-147

图 8-148

步骤 2 选择"文件 > 打开"命令，弹出"打开"对话框，选择光盘中的"Ch08 > 素材 > 宣传册内页 1 > 04"文件，单击"打开"按钮，打开文件。选择"选择"工具，选取图形，如图 8-149 所示，按<Ctrl>+<C>组合键，复制图形。选择新建的页面，按<Ctrl>+<V>组合键，将其粘贴到页面中。拖曳图形到适当的位置并调整其大小，效果如图 8-150 所示。

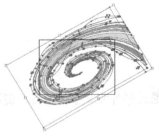

图 8-149

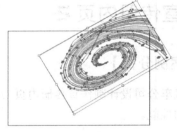

图 8-150

步骤 3 选择"矩形"工具，绘制一个与页面大小相等的矩形，如图 8-151 所示。选择"选择"工具，用圈选的方法将需要的图形同时选取，按<Ctrl>+<7>组合键，建立剪切蒙版，取消图形的选取状态，效果如图 8-152 所示。

图 8-151

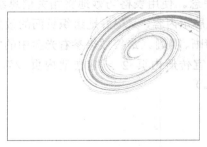

图 8-152

步骤 4　选择"文件 > 置入"命令，弹出"置入"对话框，选择光盘中的"Ch08 > 素材 >宣传册内页 2 > 03"文件，单击"置入"按钮，将图片置入到页面中。在属性栏中单击"嵌入"按钮，嵌入图片。选择"选择"工具 ，拖曳图片到适当的位置并调整其大小，效果如图8-153 所示。

图 8-153

步骤 5　选择"椭圆"工具 ，在页面的适当位置绘制椭圆形，填充为黑色，并设置描边色为无，效果如图 8-154 所示。选择"效果 > 模糊 > 高斯模糊"命令，弹出"高斯模糊"对话框，选项的设置如图 8-155 所示，单击"确定"按钮，效果如图 8-156 所示。

图 8-154　　　　　　　　　图 8-155　　　　　　　　　图 8-156

步骤 6　选择"选择"工具 ，按<Ctrl>+<[>组合键，将椭圆形后移到汽车图形的下方，效果如图 8-157 所示。用圈选的方法将需要的图形同时选取，按<Ctrl>+<G>组合键，将其编组，效果如图 8-158 所示。

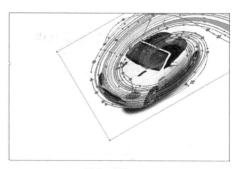

图 8-157　　　　　　　　　　　　　　图 8-158

2. 添加标题和文字

步骤 1　选择"文件 > 打开"命令，弹出"打开"对话框，选择光盘中的"Ch08 > 效果 > 宣传册内页 1"文件，单击"打开"按钮，打开文件，效果如图 8-159 所示。选择"选择"工具 ，选中不需要的文字和图形将其删除，效果如图 8-160 所示。

图 8-159　　　　　　　　　　　　　　　　图 8-160

步骤 2　选择"选择"工具 ，圈选页面中的所有图形和文字，按<Ctrl>+<C>组合键，将其复制，选择正在编辑的页面，按<Ctrl>+<V>组合键，将其粘贴到页面中，并拖曳图形和文字到页面的适当位置，如图 8-161 所示。选择"文字"工具 ，分别选取需要修改的文字，将其修改，并设置文字大小，效果如图 8-162 所示。

图 8-161　　　　　　　　　　　　　　　　图 8-162

步骤 3　选择"选择"工具 ，选取需要的图形，按住<Shift>键的同时，向右水平拖曳图形到适当的位置，如图 8-163 所示，再分别选取需要修改的图形和直线，调整其大小，效果如图 8-164 所示。

图 8-163　　　　　　　　　　　　　　　　图 8-164

3. 添加并编辑图片

步骤 1　选择"文件 > 置入"命令，弹出"置入"对话框，选择光盘中的"Ch08 > 素材 > 宣传册内页 2 > 01"文件，单击"置入"按钮，将图片置入到页面中。在属性栏中单击"嵌入"按钮，嵌入图片。选择"选择"工具 ，拖曳图片到适当的位置，效果如图 8-165 所示。选择"矩形"工具 ，在图片上绘制一个矩形，如图 8-166 所示。

图 8-165　　　　　　　　　　　　　　　　图 8-166

步骤 2　选择"选择"工具 ，按住<Shift>键的同时，单击矩形下方的图片，将其同时选取，如图 8-167 所示。按<Ctrl>+<7>组合键，建立剪切蒙版，取消图片的选取状态，效果如图 8-168所示。

图 8-167　　　　　　　　　　　　　　　　图 8-168

步骤 3　选择"文字"工具 T，拖曳出一个文本框，在属性栏中选择合适的字体并设置文字大小，在文本框中输入需要的文字，如图 8-169 所示。设置文字填充色为灰色（其 C、M、Y、K 的值分别为 0、0、0、70），填充文字，效果如图 8-170 所示。

图 8-169　　　　　　　　　　　　　　　　图 8-170

步骤 4　选择"文件 > 置入"命令，弹出"置入"对话框，选择光盘中的"Ch08 > 素材 > 宣传册内页 2 > 02"文件，单击"置入"按钮，将图片置入到页面中。在属性栏中单击"嵌入"按钮，嵌入图片。选择"选择"工具 ，拖曳图片到适当的位置，效果如图 8-171 所示。选择"椭圆"工具 ，在图片上绘制一个椭圆形，设置填充色为灰色（其 C、M、Y、K 的值分别为 80、75、73、50），填充图形，并设置描边色为无，效果如图 8-172 所示。

图 8-171

图 8-172

步骤 5 选择"效果 > 模糊 > 高斯模糊"命令，弹出"高斯模糊"对话框，选项的设置如图 8-173 所示，单击"确定"按钮，效果如图 8-174 所示。选择"选择"工具 ，按<Ctrl>+<[> 组合键，将椭圆形后移到汽车图形的下方，效果如图 8-175 所示。

图 8-173

图 8-174

图 8-175

4. 绘制表格

步骤 1 选择"选择"工具 ，用圈选的方法选择图形，如图 8-176 所示。按住<Alt>键的同时，向右下方拖曳鼠标到适当的位置，复制图形，并调整其大小，效果如图 8-177 所示。

图 8-176

图 8-177

步骤 2 选择"文字"工具 ，在适当的位置输入需要的白色文字。选择"选择"工具 ，在属性栏中选择合适的字体并设置文字大小，效果如图 8-178 所示。选择"矩形"工具 ，在页面右下方位置绘制一个矩形，在属性栏中将"描边粗细"选项设置为 0.75，效果如图 8-179 所示。

图 8-178

图 8-179

步骤 3 选择"直线段"工具 ，按住<Shift>键的同时，在适当的位置绘制直线，并在属性栏中将"描边粗细"选项设为 0.75，如图 8-180 所示。选择"选择"工具 ，选中直线，按住<Alt>+<Shift>组合键的同时，垂直向下拖曳鼠标到适当的位置，复制一条直线，如图 8-181 所示。连续按<Ctrl>+<D>组合键，按照需要再复制出多条直线，效果如图 8-182 所示。

图 8-180   图 8-181   图 8-182

步骤 4 选择"选择"工具 ，按住<Shift>键的同时，单击需要的直线将其同时选取，如图 8-183 所示。选择"窗口 > 描边"命令，弹出"描边"控制面板，选中"虚线"复选框，文本框被激活，选项的设置如图 8-184 所示，效果如图 8-185 所示。

图 8-183   图 8-184   图 8-185

步骤 5 选择"选择"工具 ，选取需要的直线，如图 8-186 所示。在属性栏中将"描边粗细"选项设为 0.25，取消直线的选取状态，效果如图 8-187 所示。

图 8-186   图 8-187

步骤 6 选择"直线段"工具 ，按住<Shift>键的同时，在适当的位置绘制一条直线，在属性栏中将"描边粗细"选项设为 0.75，效果如图 8-188 所示。用相同的方法再绘制出两条直线，效果如图 8-189 所示。

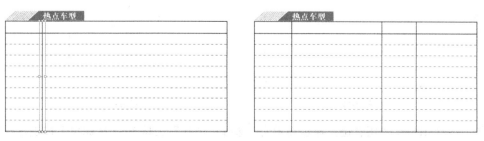

图 8-188   图 8-189

步骤 7 选择"矩形"工具 ▣，在适当的位置绘制一个矩形，设置填充色为橘红色（其 C、M、Y、K 的值分别为 0、73、92、0），填充图形，并设置描边色为无，效果如图 8-190 所示。按 <Ctrl>+<Shift>+<[>组合键，将矩形置于底层，效果如图 8-191 所示。

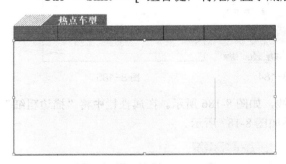 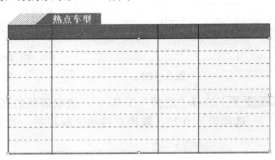

图 8-190   图 8-191

步骤 8 选择"矩形"工具 ▣，在适当的位置绘制一个矩形，设置填充色为肤色（其 C、M、Y、K 的值分别为 0、7、13、0），填充图形，并设置描边色为无，效果如图 8-192 所示。按 <Ctrl>+<Shift>+<[>组合键，将矩形置于底层，效果如图 8-193 所示。

 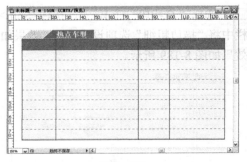

图 8-192   图 8-193

5. 添加内容文字

步骤 1 为了方便读者观看，选择"缩放"工具 🔍，将表格放大。选择"选择"工具 ▸，单击水平标尺和垂直标尺的交点并拖曳到表格的左上方，如图 8-194 所示，松开鼠标，将坐标原点设置在表格的左上方，效果如图 8-195 所示。

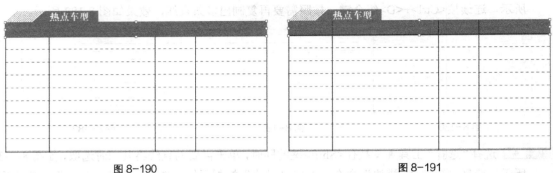

图 8-194   图 8-195

步骤 2 按<Ctrl>+<；>组合键，显示参考线。选择"选择"工具 ▸，从标尺上拖曳出一条垂直参考线，在属性栏中的"变换调板"的"X 值"文本框中输入 1.2，按<Enter>键，效果如图

8-196 所示。

步骤 3　用相同的方法分别拖曳出 3 条参考线，并在属性栏中的"变换调板"的"X 值"文本框
分别输入 5.2、9.1、12.1，效果如图 8-197 所示。

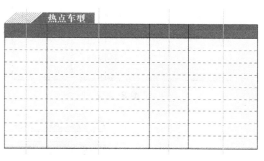

图 8-196　　　　　　　　　　　　　　图 8-197

步骤 4　选择"文字"工具 T，在表格图形中拖曳出一个文本框，如图 8-198 所示。按
<Ctrl>+<Shift>+<T>组合键，弹出"制表符"面板，在定位尺最上面一排的定位标志中，单
击"居中对齐制表符"按钮↓，如图 8-199 所示。

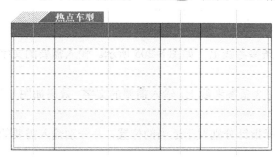

图 8-198　　　　　　　　　　　　　　图 8-199

步骤 5　在定位尺中单击鼠标，并拖曳到第一条参考线上，如图 8-200 所示，松开鼠标，添加定
位点，如图 8-201 所示。

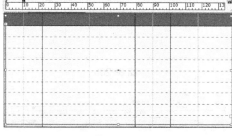

图 8-200　　　　　　　　　　　　　　图 8-201

步骤 6　用相同的方法分别在定位尺中单击，并分别拖曳到各个参考线上，效果如图 8-202 所示。

步骤 7　按<Tab>键，鼠标指针移动到第 1 条参考线上，如图 8-203 所示，输入需要的文字。
选择"选择"工具，在属性栏中选择合适的字体并设置适当的文字大小，效果如图 8-204
所示。

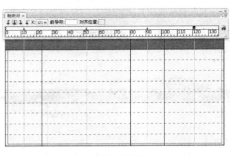

图 8-202   图 8-203

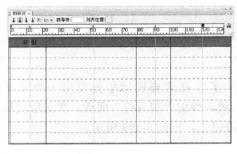

图 8-204

步骤 8 按<Tab>键，将鼠标指针移动到第 2 条参考线上，如图 8-205 所示。输入需要的文字，效果如图 8-206 所示。

步骤 9 再次按<Tab>键，将鼠标指针移动到第 3 条参考线上，输入需要的文字，效果如图 8-207 所示。

步骤 10 用相同的方法连续按<Tab>键，将鼠标指针分别置于适当的位置，并分别输入需要的文字，效果如图 8-208 所示。

图 8-205   图 8-206

图 8-207   图 8-208

步骤 11 选择"文字"工具 **T** ，选取要修改的文字，如图 8-209 所示。分别设置文字的字体和大小，效果如图 8-210 所示。

车型	长宽高（毫米）	轴距	功率
斯柯思750	4575x1820x1680	2620 mm	125/5800 KW/rpm
斯柯思490	4530x1820x1680	2620 mm	110/6200 KW/rpm
斯柯思230	4575x1820x1680	2620 mm	125/5800 KW/rpm
斯柯思580	4530x1820x1680	2620 mm	110/6200 KW/rpm
斯柯思330	4350x1820x1680	2620 mm	110/6200 KW/rpm
斯柯思780	4565x1720x1680	2620 mm	110/6200 KW/rpm
斯柯思950	4575x1820x1680	2620 mm	125/5800 KW/rpm
斯柯思470	4565x1720x1680	2620 mm	125/5800 KW/rpm
斯柯思220	4530x1820x1680	2620 mm	125/5800 KW/rpm

图 8-209

车型	长宽高（毫米）	轴距	功率
斯柯思750	4575x1820x1680	2620 mm	125/5800 KW/rpm
斯柯思490	4530x1820x1680	2620 mm	110/6200 KW/rpm
斯柯思230	4575x1820x1680	2620 mm	125/5800 KW/rpm
斯柯思580	4530x1820x1680	2620 mm	110/6200 KW/rpm
斯柯思330	4350x1820x1680	2620 mm	110/6200 KW/rpm
斯柯思780	4565x1720x1680	2620 mm	110/6200 KW/rpm
斯柯思950	4575x1820x1680	2620 mm	125/5800 KW/rpm
斯柯思470	4565x1720x1680	2620 mm	125/5800 KW/rpm
斯柯思220	4550x1820x1680	2620 mm	125/5800 KW/rpm

图 8-210

步骤 12 按<Ctrl>+<；>组合键，将参考线隐藏。选择"选择"工具 ，在页面空白处单击，取消选取状态，宣传册内页 2 制作完成，效果如图 8-211 所示。按<Ctrl>+<Shift>+<S>组合键，弹出"存储为"对话框，将其命名为"宣传册内页 2"，保存为 AI 格式，单击"保存"按钮，将文件保存。

图 8-211

8.4 综合演练——宣传册内页 3

在 Illustrator 中，使用置入命令、矩形工具和投影命令制作图片阴影效果。使用椭圆工具、钢笔工具和不透明度命令绘制装饰图形。使用画笔工具添加箭头图形。使用文字工具添加标题和内容文字。（最终效果参看光盘中的"Ch08 > 效果 > 宣传册内页 3 > 宣传册内页 3"，如图 8-212 所示。）

图 8-212

第**9**章　招贴设计

招贴具有画面大、内容广泛、艺术表现力丰富和远视效果强烈的特点。在表现广告主题的深度和增加艺术魅力、审美效果方面十分出色。本章以百货购物招贴为例，详细地讲解招贴的知识要点和制作方法。

 课堂学习目标

- 在 Photoshop 软件中制作百货购物招贴背景
- 在 Illustrator 软件中制作招贴的标题和内容文字

9.1　百货购物招贴设计

9.1.1　【案例分析】

本例是为百货公司设计制作周年庆降价销售招贴。招贴的主要内容包括店庆时间、打折的产品等，要求充分运用色彩和图形展示出热闹、喜庆的氛围，达到宣传的目的。

9.1.2　【设计理念】

使用黄色的背景展示出流行而有活力的效果，营造出开朗、活泼的氛围。各种颜色和形状的星形表现出活动的多姿多彩。文字的设计灵活且充满艺术感，有较强的视觉冲击力，宣传性强。人物与宣传文字融为一体，展现出时尚感，同时起到强调的作用。（最终效果参看光盘中的"Ch09 > 效果 > 百货购物招贴设计 > 百货购物招贴"，如图 9-1 所示。）

图 9-1

9.1.3 【操作步骤】

Photoshop 应用

1. 制作背景效果

步骤 1 按<Ctrl>+<N>组合键，新建一个文件：宽度为21cm，高度为29.7cm，分辨率为300像素/英寸，颜色模式为RGB，背景内容为白色。

步骤 2 选择"渐变"工具 ，单击属性栏中的"点按可编辑渐变"按钮 ，弹出"渐变编辑器"对话框，将渐变色设为从深黄色（其 R、G、B 的值分别为 249、185、4）到黄色（其 R、G、B 的值分别为 249、217、4），如图 9-2 所示，单击"确定"按钮。按住<Shift>键的同时，在图像窗口中由中上至中部拖曳渐变，效果如图 9-3 所示。

图 9-2　　　　　　　　　　　　图 9-3

步骤 3 按<Ctrl>+<N>组合键，新建一个文件：宽度为21cm，高度为29.7cm，分辨率为300像素/英寸，颜色模式为RGB，背景内容为白色。

步骤 4 在"图层"控制面板中单击"创建新图层"按钮 ，生成新的图层"图层 1"。选择"矩形选框"工具 ，在图像窗口中绘制一个矩形选区，将前景色设为黄色（其 R、G、B 的值分别为 249、171、4），按<Alt>+<Delete>组合键，用前景色填充选区，效果如图 9-4 所示。按<Ctrl>+<D>组合键，取消选区。单击"背景"图层左侧的眼睛图标 ，隐藏"背景"图层。选择"裁剪"工具 ，在图像窗口中绘制裁剪区域，如图 9-5 所示，按<Enter>键，确认操作。

图 9-4　　　　　　　　　　图 9-5

步骤 5 选择"编辑 > 定义图案"命令，在弹出的对话框中进行设置，如图 9-6 所示，单击"确定"按钮。将定义图案的图像窗口关闭。选择正在编辑的图像窗口，单击"图层"控制面板下方的"创建新的填充或调整图层"按钮 ，在弹出的下拉菜单中选择"图案"命令，并在"图层"控制面板中生成"图案填充 1"图层，同时弹出"图案填充"对话框，选项的设置如图 9-7 所示，单击"确定"按钮，效果如图 9-8 所示。

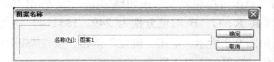

图 9-6   图 9-7   图 9-8

步骤 6 新建图层并将其命名为"图案"。按住<Shift>键的同时，单击"图案填充 1"图层，将两个图层同时选取，如图 9-9 所示。按<Ctrl>+<E>组合键，合并图层，效果如图 9-10 所示。按<Ctrl>+<T>组合键，图形周围出现变换框，将鼠标指针放在变换框外，鼠标指针变为旋转图标 ↰，拖曳鼠标将图形旋转到适当的角度并调整其大小，按<Enter>键，确认操作，效果如图 9-11 所示。

图 9-9   图 9-10   图 9-11

步骤 7 单击"图层"控制面板下方的"添加图层蒙版"按钮 ，为"图案"图层添加蒙版。选择"渐变"工具 ，单击属性栏中的"点按可编辑渐变"按钮 ，弹出"渐变编辑器"对话框，将渐变色设为从黑色到白色，如图 9-12 所示，单击"确定"按钮。按住<Shift>键的同时，在图像窗口中由中部至上方拖曳渐变，编辑状态如图 9-13 所示，松开鼠标，效果如图 9-14 所示。

图 9-12   图 9-13   图 9-14

2. 绘制装饰星形 1

步骤 1 新建图层并将其命名为"图形"。将前景色设为橘红色（其 R、G、B 的值分别为 255、106、0）。选择"自定形状"工具 ，单击属性栏中的"形状"选项，弹出"形状"面板，并在"形状"面板中选中图形"星形放射"，如图 9-15 所示。单击属性栏中的"填充像素"按钮 ，在图像窗口的左侧上方绘制一个图形，效果如图 9-16 所示。

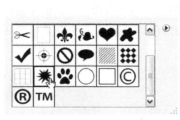

图 9-15　　　　　　　　　　　图 9-16

步骤 2 新建图层并将其命名为"图形 2"。将前景色设为洋红色（其 R、G、B 的值分别为 255、58、103）。在图像窗口中再绘制一个图形，效果如图 9-17 所示。按<Ctrl>+<T>组合键，图形周围出现变换框，在变换框中单击鼠标右键，并在弹出的快捷菜单中选择"水平翻转"命令，按<Enter>键，确认操作，拖曳图形到适当的位置，效果如图 9-18 所示。将前景色设为绿色（其 R、G、B 的值分别为 114、211、0）。在图像窗口的右侧再绘制一个图形并拖曳到适当的位置，效果如图 9-19 所示。

图 9-17　　　　　　　　图 9-18　　　　　　　　图 9-19

3. 绘制白色底图

步骤 1 新建图层并将其命名为"白色图形"。将前景色设为白色。选择"圆角矩形"工具 ，在属性栏中单击"路径"按钮 ，将"半径"选项设为 60，然后在图像窗口的下方绘制圆角矩形路径，如图 9-20 所示。选择"椭圆"工具 ，在圆角矩形路径的上方绘制多个椭圆形路径，如图 9-21 所示。选择"路径选择"工具 ，用圈选的方法将所绘制的路径同时选取，如图 9-22 所示。单击属性栏中的"添加到形状区域（+）"按钮 ，按<Ctrl>+<Enter>组合键，将路径转换为选区，按<Alt>+<Delete>组合键，用前景色填充选区。按<Ctrl>+<D>组合键，取消选区，效果如图 9-23 所示。

图 9-20   图 9-21   图 9-22   图 9-23

步骤 2   单击"图层"控制面板下方的"添加图层样式"按钮 *fx*，在弹出的下拉菜单中选择"投影"命令，弹出对话框，将投影颜色设为白色，其他选项的设置如图 9-24 所示，单击"确定"按钮，效果如图 9-25 所示。

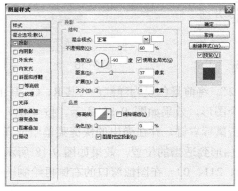

图 9-24   图 9-25

4. 绘制音响图形

步骤 1   单击"图层"控制面板下方的"创建新组"按钮 ，生成新的图层组并将其命名为"装饰圆形"。新建图层并将其命名为"圆形"。选择"椭圆"工具 ，单击属性栏中的"填充像素"按钮 ，按住\<Shift\>键的同时，在图像窗口的左上方绘制圆形，效果如图 9-26 所示。在"图层"控制面板的上方，将"圆形"图层的"不透明度"选项设为 30，效果如图 9-27 所示。

图 9-26   图 9-27

步骤 2   将"圆形"图层拖曳到控制面板下方的"创建新图层"按钮 上进行复制，生成新的图层"圆形 副本"。按\<Ctrl\>+\<T\>组合键，在图形周围出现控制手柄，按住\<Shift\>+\<Alt\>组合键的同时，将图形等比例缩小，按\<Enter\>键，确认操作，效果如图 9-28 所示。用相同的方法再复制一个圆形，效果如图 9-29 所示，图层面板如图 9-30 所示。

图 9-28　　　　　　　图 9-29　　　　　　　图 9-30

步骤 3 新建图层并将其命名为"画笔"。选择"画笔"工具 ✐，在属性栏中单击"画笔"选项右侧的按钮 ，并在弹出的画笔选择面板中选择需要的画笔形状，如图 9-31 所示。在圆形的中部单击添加白色画笔，效果如图 9-32 所示。

图 9-31　　　　　　　　　图 9-32

步骤 4 新建图层并将其命名为"线条"。选择"画笔"工具 ✐，在属性栏中单击"画笔"选项右侧的按钮 ，并在弹出的画笔选择面板中选择需要的画笔形状，其他选项的设置如图 9-33 所示。在圆形的左侧绘制一条白色线条，如图 9-34 所示。在"图层"控制面板上方，将"线条"图层的"不透明度"选项设为 50，效果如图 9-35 所示。将其拖曳到"圆形"图层的下方。在"图层"控制面板中单击"装饰圆形"图层组前面的三角形图标，将"装饰圆形"图层组中的所有图层隐藏。

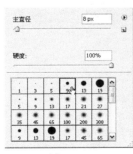  

图 9-33　　　　　　　图 9-34　　　　　　　图 9-35

步骤 5 将"装饰圆形"图层组拖曳到控制面板下方的"创建新图层"按钮 上进行复制，生成新的图层组"装饰圆形 副本"。在图像窗口中，选择"移动"工具 ，拖曳复制的图形到适当的位置并调整其大小，效果如图 9-36 所示。用相同的方法再复制 3 个图形并分别调整其大小，效果如图 9-37 所示，图层面板如图 9-38 所示。

图 9-36

图 9-37

图 9-38

步骤 6 百货购物招贴底图制作完成，效果如图 9-39 所示。按 <Ctrl>+<Shift>+<E>组合键，合并可见图层。按<Ctrl>+<S>组合键，弹出"存储为"对话框，将其命名为"招贴底图"，保存为 TIFF 格式，单击"确定"按钮，弹出"TIFF 选项"对话框，单击"保存"按钮，将图像保存。

图 9-39

Illustrator 应用

5. 添加并编辑广告语

步骤 1 打开 Illustrator CS3 软件，按<Ctrl>+<N>组合键，弹出"新建文档"对话框，选项的设置如图 9-40 所示，单击"确定"按钮，新建一个文档。选择"文件 > 置入"命令，弹出"置入"对话框，选择光盘中的"Ch09 > 效果 > 百货购物招贴设计 > 招贴底图"文件，单击"置入"按钮，将图片置入到页面中。在属性栏中单击"嵌入"按钮，嵌入图片。选择"选择"工具，拖曳图片到适当的位置，效果如图 9-41 所示。

图 9-40

图 9-41

步骤 2 选择"文字"工具 T，在页面中输入需要的文字。选择"选择"工具，在属性栏中选择合适的字体并设置文字大小，文字的效果如图 9-42 所示。选择"文字"工具 T，分别选取文字"惊、喜、大"，并在属性栏中分别设置文字的大小，文字效果如图 9-43 所示。按

<Ctrl>+<T>组合键，弹出"字符"控制面板，将"设置所选字符的字符间距调整"选项 AV 设置为-15，文字效果如图 9-44 所示。

惊喜大减价

图 9-42

惊喜大减价

图 9-43

惊喜大减价

图 9-44

步骤 3 选择"选择"工具，选择文字，双击"倾斜"工具，在弹出的对话框中进行设置，如图 9-45 所示，单击"确定"按钮，文字效果如图 9-46 所示。

图 9-45

惊喜大减价

图 9-46

步骤 4 选择"选择"工具，在文字上单击鼠标右键，并在弹出的快捷菜单中选择"创建轮廓"命令，将文字转换为轮廓，效果如图 9-47 所示。选择"星形"工具，在页面中单击，弹出"星形"对话框，选项的设置如图 9-48 所示，单击"确定"按钮，得到一个星形。选择"选择"工具，拖曳星形到适当的位置，效果如图 9-49 所示。

惊喜大减价

图 9-47

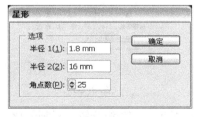

图 9-48

惊喜大减价

图 9-49

步骤 5 选择"选择"工具，用圈选的方法将文字和图形同时选取，如图 9-50 所示。选择"窗口 > 路径查找器"命令，弹出"路径查找器"控制面板，单击"与形状区域相减"按钮，如图 9-51 所示，生成新的对象。再单击"扩展"按钮 扩展，取消选取状态，效果如图 9-52 所示。

中等职业教育数字艺术类规划教材

图 9-50

图 9-51

图 9-52

步骤 6 双击"渐变"工具 ▦，弹出"渐变"控制面板，将渐变色设为从红色（其 C、M、Y、K 的值分别为 0、100、100、8）到黄色（其 C、M、Y、K 的值分别为 0、23、100、0），其他选项的设置如图 9-53 所示，文字效果如图 9-54 所示。

图 9-53

图 9-54

步骤 7 填充文字描边色为白色。选择"窗口 > 描边"命令，弹出"描边"控制面板，在"对齐描边"选项组中，单击"使描边外侧对齐"按钮 ▦，其他选项的设置如图 9-55 所示，文字效果如图 9-56 所示。

图 9-55

图 9-56

步骤 8 按<Ctrl>+<C>组合键，复制图形，按<Ctrl>+<F>组合键，将复制的图形粘贴在前面。将文字的填充色和描边色均设为黑色，填充图形。在"描边"控制面板中将"粗细"选项设为4，效果如图 9-57 所示。按<Ctrl>+<Shift>+<[>组合键，将黑色文字置于底层，按键盘上的方向键微调文字的位置，效果如图 9-58 所示。

图 9-57

图 9-58

步骤 9 选择"选择"工具 ▶，用圈选的方法将制作好的文字同时选取，按<Ctrl>+<G>组合键，将其编组，如图 9-59 所示。拖曳文字到页面的右上方，效果如图 9-60 所示。

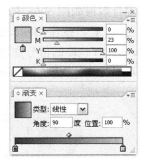

图 9-59   图 9-60

6. 绘制标题文字底图

步骤 1 选择"钢笔"工具，在页面中绘制一个图形，如图 9-61 所示。在"渐变"控制面板中，将渐变色设为从深红色（其 C、M、Y、K 的值分别为 0、100、100、71）到红色（其 C、M、Y、K 的值分别为 0、100、100、0），如图 9-62 所示。按住<Shift>键的同时，在图形上由下至上拖曳渐变，效果如图 9-63 所示，并设置描边色为无。

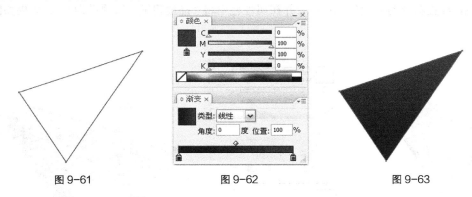

图 9-61   图 9-62   图 9-63

步骤 2 选择"钢笔"工具，在适当的位置绘制一个图形，如图 9-64 所示。在"渐变"控制面板中，将渐变色设为从黄色（其 C、M、Y、K 的值分别为 0、0、100、0）到深黄色（其 C、M、Y、K 的值分别为 0、65、100、0），如图 9-65 所示。按住<Shift>键的同时，在图形上由下至上拖曳渐变，设置描边色为红色（其 C、M、Y、K 的值分别为 0、100、100、0），填充图形描边，效果如图 9-66 所示。

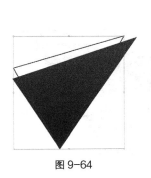

图 9-64   图 9-65   图 9-66

中等职业教育数字艺术类规划教材

步骤 3 双击"混合"工具，弹出"混合选项"对话框，在对话框中进行设置，如图 9-67 所示，单击"确定"按钮，并分别在两个图形上单击，混合效果如图 9-68 所示。选择"直线段"工具，在图形上绘制 5 条线段。选择"选择"工具，按住<Shift>键的同时，单击需要的线条将其同时选取，设置描边色为红色（其 C、M、Y、K 的值分别为 0、100、100、0），填充线条描边，并在属性栏中将"描边粗细"选项设为 1，效果如图 9-69 所示。

图 9-67　　　　　　　　　　图 9-68　　　　　　　　　　图 9-69

步骤 4 选择"钢笔"工具，在适当的位置绘制一个图形，如图 9-70 所示。在"渐变"控制面板中，将渐变色设为从深黄色（其 C、M、Y、K 的值分别为 0、70、100、0）到黄色（其 C、M、Y、K 的值分别为 0、0、100、0），其他选项的设置如图 9-71 所示。图形被填充渐变色，设置图形的描边色为白色，并在属性栏中将"描边粗细"选项设为 0.5，效果如图 9-72 所示。

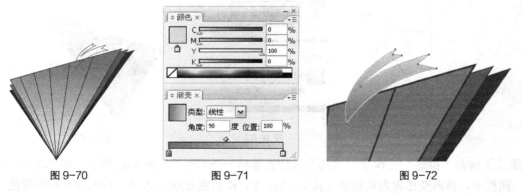

图 9-70　　　　　　　　　　图 9-71　　　　　　　　　　图 9-72

步骤 5 选择"选择"工具，选中图形，按住<Alt>键的同时，拖曳图形到适当的位置，复制图形，并旋转图形到适当的角度，效果如图 9-73 所示。再复制一个图形并拖曳到适当的位置，如图 9-74 所示。双击"镜像"工具，弹出"镜像"对话框，选项的设置如图 9-75 所示，单击"确定"按钮，将复制的图形镜像并旋转到适当的角度，效果如图 9-76 所示。

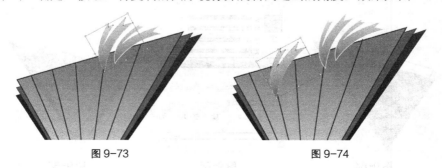

图 9-73　　　　　　　　　　　　　　图 9-74

图9-75   图9-76

步骤 6 选择"星形"工具 ☆，在页面中单击，弹出"星形"对话框，选项的设置如图9-77所示，单击"确定"按钮，得到一个星形。在"渐变"控制面板中的色带上设置5个渐变滑块，分别将渐变滑块的位置设为0、17、45、76、100，并设置CMYK的值分别为：0（0、20、100、0）、17（0、0、55、0）、45（0、14、100、0）、76（0、0、55、0）、100（0、0、100、0），如图9-78所示，图形被填充渐变色。设置描边色为砖红色（其C、M、Y、K的值分别为0、71、100、0），填充图形描边，效果如图9-79所示。

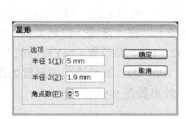

图9-77   图9-78   图9-79

步骤 7 选择"渐变"工具 ▬，在星形的左上方至右下方拖曳鼠标，编辑状态如图9-80所示，渐变效果如图9-81所示。选择"选择"工具 ▶，拖曳星形到适当的位置并旋转其角度，效果如图9-82所示。

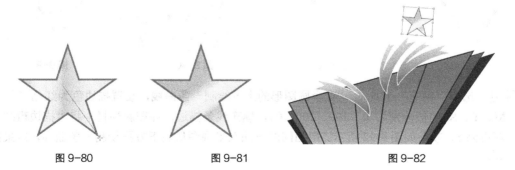

图9-80   图9-81   图9-82

步骤 8 选择"选择"工具 ▶，选中图形，按住<Alt>键的同时，拖曳星形到适当的位置，复制星形，调整其大小并旋转到适当的角度，效果如图 9-83 所示。用相同的方法再次复制多个星形，效果如图9-84所示。

图9-83 　　　　　　　　　　　图9-84

步骤 9 选择"选择"工具 ，按住<Shift>键的同时，选中需要的图形将其同时选取，按<Ctrl>+<G>组合键，将其编组，如图9-85所示。选择"效果 > 风格化 > 投影"命令，在弹出的对话框中进行设置，如图9-86所示，单击"确定"按钮，效果如图9-87所示。

图9-85 　　　　　　　　　　图9-86 　　　　　　　　　　图9-87

步骤 10 按<Ctrl>+<Shift>+<[>组合键，将选取的图形置于底层，效果如图9-88所示。选择"钢笔"工具 ，在适当的位置绘制一个图形，如图9-89所示。在"渐变"控制面板中的色带上设置3个渐变滑块，分别将渐变滑块的位置设为0、32、100，并设置CMYK的值分别为：0（0、62、100、0）、32（0、0、100、0）、100（0、45、100、0），其他选项的设置如图9-90所示，图形被填充渐变色，并设置图形的描边色为无，效果如图9-91所示。

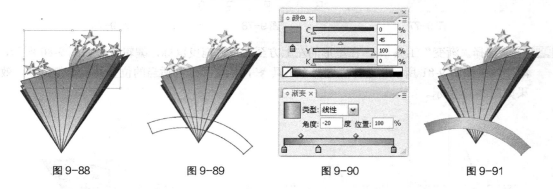

图9-88 　　　　　图9-89 　　　　　图9-90 　　　　　图9-91

步骤 11 选择"钢笔"工具 ，在半圆图形的上方绘制一条曲线，设置描边色为红色（其 C、M、Y、K 的值分别为 0、100、100、0），填充线条描边，并在属性栏中将"描边粗细"选项设为 3，效果如图9-92所示。用相同的方法在半圆图形的下方再绘制一条曲线，效果如图9-93所示。

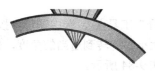

图9-92 　　　　　　　　　　图9-93

步骤 12 选择"钢笔"工具 ✐，在适当的位置绘制一个图形。设置填充色为橘黄色（其 C、M、Y、K 的值分别为 0、73、100、0），填充图形，并设置描边色为无，效果如图 9-94 所示。用相同的方法分别在适当的位置绘制两个图形，如图 9-95 所示。选择"选择"工具 ▶，按住 <Shift> 键的同时，单击刚刚绘制的两个图形将其同时选取，设置填充色为红色（其 C、M、Y、K 的值分别为 0、100、100、0），填充图形，并设置描边色为无，效果如图 9-96 所示。

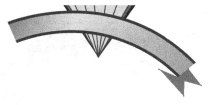

图 9-94	图 9-95	图 9-96

步骤 13 选择"钢笔"工具 ✐，在适当的位置绘制一个图形，设置填充色为深红色（其 C、M、Y、K 的值分别为 0、100、100、38），填充图形，并设置描边色为无，效果如图 9-97 所示。选择"选择"工具 ▶，按住 <Shift> 键的同时，单击需要的图形将其同时选取，按 <Ctrl>+<G> 组合键，将其编组，如图 9-98 所示。用相同的方法制作左侧的图形，效果如图 9-99 所示。

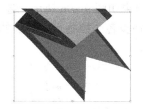
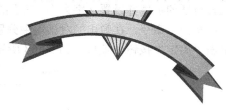

图 9-97	图 9-98	图 9-99

步骤 14 选择"钢笔"工具 ✐，在适当的位置绘制一个图形，如图 9-100 所示。在"渐变"控制面板中，将渐变色设为从深红色（其 C、M、Y、K 的值分别为 0、70、100、70）到红色（其 C、M、Y、K 的值分别为 0、100、100、0），其他选项的设置如图 9-101 所示，图形被填充渐变色。设置描边色为黄色（其 C、M、Y、K 的值分别为 0、35、100、0），填充图形描边，并在属性栏中将"描边粗细"选项设为 1，效果如图 9-102 所示。

图 9-100	图 9-101	图 9-102

步骤 15 选择"钢笔"工具 ✐，在适当的位置绘制一个图形，如图 9-103 所示。在"渐变"控制面板中的色带上设置 3 个渐变滑块，分别将渐变滑块的位置设为 0、55、100，并设置 CMYK 的值分别为：0（0、77、100、0）、55（0、20、100、0）、100（0、77、100、0），其他选项

的设置如图 9-104 所示，图形被填充渐变色。设置描边色为黄色（其 C、M、Y、K 的值分别为 0、35、100、0），填充图形描边，并在属性栏中将"描边粗细"选项设为 1，效果如图 9-105 所示。

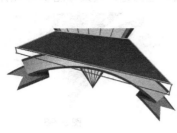 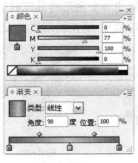 

图 9-103　　　　　　　　　图 9-104　　　　　　　　　图 9-105

7. 添加并编辑标题文字

步骤 1 选择"文字"工具 T，在页面中输入需要的文字。选择"选择"工具 ，在属性栏中选择合适的字体并设置文字大小，文字的效果如图 9-106 所示。选择"效果 ＞ 扭曲和变换 ＞ 自由扭曲"命令，在弹出的对话框中分别拖曳各个控制点到适当的位置，如图 9-107 所示，单击"确定"按钮，效果如图 9-108 所示。

图 9-106　　　　　　　　　图 9-107　　　　　　　　　图 9-108

步骤 2 按<Ctrl>+<Shift>+<O>组合键，将文字转换为轮廓，如图 9-109 所示。在"渐变"控制面板中，将渐变色设为从深红色（其 C、M、Y、K 的值分别为 0、70、100、70）到红色（其 C、M、Y、K 的值分别为 0、100、100、0），其他选项的设置如图 9-110 所示，文字被填充渐变色。设置描边色为黄色（其 C、M、Y、K 的值分别为 0、35、100、0），填充文字描边，效果如图 9-111 所示。

图 9-109　　　　　　　　　图 9-110　　　　　　　　　图 9-111

步骤 3 选择"效果 > 3D（3）> 凸出和斜角"命令，在弹出的对话框中进行设置，如图 9-112 所示，单击"确定"按钮，效果如图 9-113 所示。选择"选择"工具 ，拖曳文字到适当的位置，效果如图 9-114 所示。

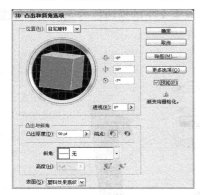
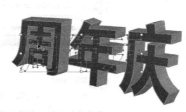

图 9-112   图 9-113   图 9-114

步骤 4 选择"文字"工具 T ，在页面中输入需要的文字。选择"选择"工具 ，在属性栏中选择合适的字体并设置文字大小，文字的效果如图 9-115 所示。双击"倾斜"工具 ，弹出"倾斜"对话框，选项的设置如图 9-116 所示，单击"确定"按钮，效果如图 9-117 所示。

图 9-115   图 9-116   图 9-117

步骤 5 按<Ctrl>+<Shift>+<O>组合键，将文字转换为轮廓。在"渐变"控制面板中的色带上设置 5 个渐变滑块，分别将渐变滑块的位置设为 4、17、45、76、100，并设置 CMYK 的值分别为：4（0、20、100、0）、17（0、0、55、0）、45（0、14、100、0）、76（0、0、55、0）、100（0、0、100、0），其他选项的设置如图 9-118 所示，文字被填充渐变色。设置描边色为黄色（其 C、M、Y、K 的值分别为 0、63、97、0），填充文字描边，效果如图 9-119 所示。

图 9-118   图 9-119

步骤 6 选择"选择"工具 ，选中文字，按住<Alt>键的同时，将其拖曳到适当的位置，复制一个文字，如图 9-120 所示。在"渐变"控制面板中，将渐变色设为从深红色（其 C、M、Y、K 的值分别为 0、100、100、81）到红色（其 C、M、Y、K 的值分别为 0、100、100、0），其他选项的设置如图 9-121 所示，文字被填充渐变色，并设置文字的描边色为无，效果如图 9-122 所示。

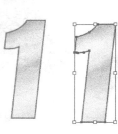

图 9-120　　　　　　　　　　图 9-121　　　　　　　　　图 9-122

步骤 7 选择"选择"工具 ，选中文字，按住<Alt>键的同时，将其拖曳到适当的位置，复制一个文字并调整文字的大小，效果如图 9-123 所示。双击"混合"工具 ，在弹出的对话框中进行设置，如图 9-124 所示，单击"确定"按钮。分别在两个渐变文字上单击，效果如图 9-125 所示。

图 9-123　　　　　　　　　　图 9-124　　　　　　　　　图 9-125

步骤 8 选择"选择"工具 ，选中混合文字，拖曳到适当的位置，与原文字重叠，并按<Ctrl>+<Shift>+<[>组合键，将其置于底层，效果如图 9-126 所示。选择"星形"工具 ，在页面中单击，弹出"星形"对话框，选项的设置如图 9-127 所示，单击"确定"按钮，得到一个星形，效果如图 9-128 所示。

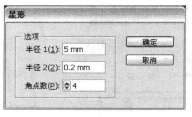

图 9-126　　　　　　　　　　图 9-127　　　　　　　　　图 9-128

步骤 9 在"渐变"控制面板中,将渐变色设为从白色到黄色(其 C、M、Y、K 的值分别为0、41、97、0),其他选项的设置如图 9-129 所示,图形被填充渐变色,并设置图形描边色为无,效果如图 9-130 所示。

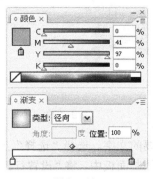

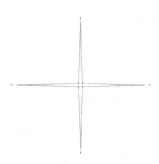

图 9-129   图 9-130

步骤 10 选择"选择"工具,拖曳星形到适当的位置并旋转到适当的角度,效果如图 9-131 所示。选中星形,按住<Alt>键的同时,拖曳星形到适当的位置,复制一个星形并调整其大小。用相同的方法再复制一个星形,效果如图 9-132 所示。用圈选的方法将制作好的文字和图形同时选取,按<Ctrl>+<G>组合键,将其编组,效果如图 9-133 所示。拖曳编组文字到适当的位置,按<Ctrl>+<[>组合键,后移一层,并调整文字的位置,效果如图 9-134 所示。

图 9-131   图 9-132   图 9-133   图 9-134

步骤 11 选择"选择"工具,用圈选的方法将需要的文字和图形同时选取,按<Ctrl>+<G>组合键,将其编组,效果如图 9-135 所示。选择"效果 > 风格化 > 投影"命令,在弹出的对话框中进行设置,如图 9-136 所示,单击"确定"按钮,效果如图 9-137 所示。

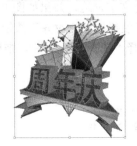

图 9-135   图 9-136   图 9-137

步骤 12 选择"选择"工具,拖曳编组图形到适当的位置并调整其大小,效果如图 9-138 所示。按<Ctrl>+<[>组合键，后移一层，效果如图 9-139 所示。

图 9-138   图 9-139

步骤 13 选择"文字"工具 T，在页面中输入需要的文字。选择"选择"工具 ，在属性栏中
选择合适的字体并设置文字大小。在"字符"控制面板中，将"设置行距"选项 设置为 40，
"设置所选字符的字符间距调整"选项 设置为 120，文字效果如图 9-140 所示。按
<Ctrl>+<Alt>+<T>组合键，弹出"段落"控制面板，单击"居中对齐"按钮 ，效果如图
9-141 所示。选择"效果 > 变形 > 弧形"命令，在弹出的对话框中进行设置，如图 9-142
所示，单击"确定"按钮，效果如图 9-143 所示。

图 9-140   图 9-141

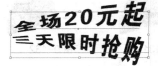

图 9-142   图 9-143

步骤 14 按<Ctrl>+<Shift>+<O>组合键，将文字转换为轮廓。填充文字为白色，设置文字描边色
为红色（其 C、M、Y、K 的值分别为 15、100、90、10），填充文字描边，效果如图 9-144
所示。在"描边"控制面板中，单击"对齐描边"选项组中的"使描边外侧对齐"按钮 ，
其他选项的设置如图 9-145 所示，文字效果如图 9-146 所示。选择"选择"工具 ，拖曳文
字到适当的位置，效果如图 9-147 所示。

图 9-144   图 9-145

图 9-146

图 9-147

8. 添加并编辑广告语

步骤 1 选择"文字"工具 T，在页面中输入需要的文字。选择"选择"工具，在属性栏中选择合适的字体并设置文字大小。设置文字填充色为洋红色（其 C、M、Y、K 的值分别为 0、100、0、0），填充文字，如图 9-148 所示。在"字符"面板中将"设置所选字符的字符间距调整"选项 AV 设置为 40，文字效果如图 9-149 所示。

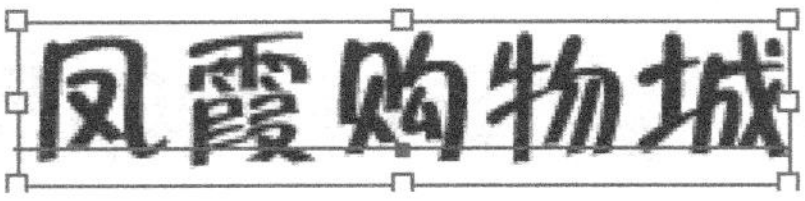

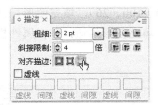

图 9-148

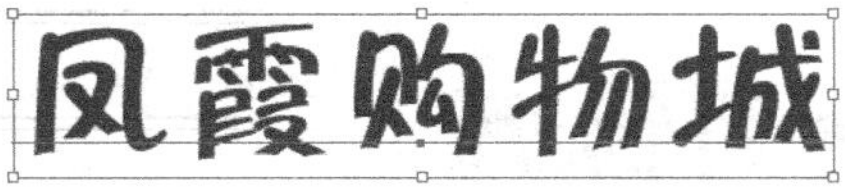

图 9-149

步骤 2 按<Ctrl>+<Shift>+<O>组合键，将文字转换为轮廓，填充文字描边色为白色。在"描边"控制面板中，单击"对齐描边"选项组中的"使描边外侧对齐"按钮，其他选项的设置如图 9-150 所示，文字效果如图 9-151 所示。

图 9-150

图 9-151

步骤 3 按<Ctrl>+<C>组合键，复制文字，按<Ctrl>+<F>组合键，将复制的文字粘贴在前面。设置文字填充色为黄色（其 C、M、Y、K 的值分别为 0、50、100、0），填充文字，设置描边色为黄色（其 C、M、Y、K 的值分别为 0、50、100、0），填充文字描边。在"描边"控制面板中，单击"对齐描边"选项组中的"使描边外侧对齐"按钮，其他选项的设置如图 9-152 所示，文字效果如图 9-153 所示。按<Ctrl>+<Shift>+<[>组合键，将其置于底层，效果如图 9-154 所示。

图 9-152

图 9-153

中等职业教育数字艺术类规划教材

凤霞购物城

图 9-154

步骤 4 选择"选择"工具 ，用圈选的方法将需要的文字同时选取，按<Ctrl>+<G>组合键，将其编组，效果如图 9-155 所示。选择"效果 > 变形 > 鱼形"命令，在弹出的对话框中进行设置，如图 9-156 所示，单击"确定"按钮，效果如图 9-157 所示。

图 9-155　　　　　　　　图 9-156　　　　　　　　图 9-157

步骤 5 选择"选择"工具 ，拖曳文字到适当的位置，效果如图 9-158 所示。选择"圆角矩形"工具 ，在页面中单击，弹出"圆角矩形"对话框，选项的设置如图 9-159 所示，单击"确定"按钮，得到一个圆角矩形。选择"选择"工具 ，拖曳圆角矩形到适当的位置，设置填充色为红色（其 C、M、Y、K 的值分别为 0、100、100、26），填充图形。设置描边色为黄色（其 C、M、Y、K 的值分别为 0、0、100、0），填充图形描边，并在属性栏中将"描边粗细"选项设为 3，效果如图 9-160 所示。

图 9-158　　　　　　　　图 9-159　　　　　　　　图 9-160

步骤 6 选择"文字"工具 T，在页面中输入需要的白色文字。选择"选择"工具 ，在属性栏中选择合适的字体并设置文字大小，效果如图 9-161 所示。在"字符"控制面板中将"设置所选字符的字符间距调整"选项 AV 设置为 40，文字效果如图 9-162 所示。

图 9-161　　　　　　　　　　　图 9-162

9. 绘制装饰星形 2

步骤 1 选择"星形"工具 ☆，在页面中单击，弹出"星形"对话框，选项的设置如图 9-163 所示，单击"确定"按钮，得到一个星形。在"渐变"控制面板中的色带上设置 5 个渐变滑块，分别将渐变滑块的位置设为 0、17、45、76、100，并设置 CMYK 的值分别为：0（0、20、100、0）、17（0、0、55、0）、45（0、14、100、0）、76（0、0、55、0）、100（0、0、100、0），如图 9-164 所示，图形被填充渐变色，设置描边色为白色，并在属性栏中将"描边粗细"选项设为 2，效果如图 9-165 所示。

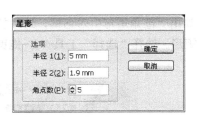

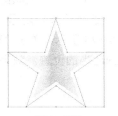

图 9-163　　　　　　　　　　图 9-164　　　　　　　　　　图 9-165

步骤 2 选择"渐变"工具 ▭，在星形上由左上方至右下方拖曳鼠标，编辑状态如图 9-166 所示，松开鼠标，渐变效果如图 9-167 所示。选择"选择"工具 ▶，拖曳星形到适当的位置并旋转其角度，效果如图 9-168 所示。

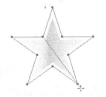

图 9-166　　　　　　图 9-167　　　　　　　　　　图 9-168

步骤 3 选择"效果 > 风格化 > 投影"命令，在弹出的对话框中进行设置，如图 9-169 所示，单击"确定"按钮，效果如图 9-170 所示。选择"选择"工具 ▶，选中图形，按住<Alt>键的同时，拖曳星形到适当的位置，复制一个星形，调整其大小并旋转到适当的角度，并在属性栏中将"描边粗细"选项设为 1，效果如图 9-171 所示。用相同的方法复制多个星形，效果如图 9-172 所示。

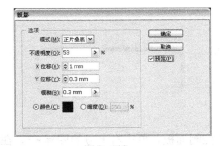

图 9-169　　　　　　　　　图 9-170　　　　　　　　图 9-171

图 9-172

10. 添加人物及装饰图形

步骤 1 打开光盘中的"Ch09 > 素材 > 百货购物招贴设计 > 01"文件，选择"选择"工具 ，用圈选的方法将素材同时选取，按<Ctrl>+<C>组合键，复制图形。选择正在编辑的页面，按<Ctrl>+<V>组合键，将其粘贴到页面中，弹出提示对话框，单击"确定"按钮。拖曳素材到适当的位置，效果如图 9-173 所示。

步骤 2 选择"圆角矩形"工具 ，在页面中单击，弹出"圆角矩形"对话框，选项的设置如图 9-174 所示，单击"确定"按钮，得到一个圆角矩形。选择"选择"工具 ，拖曳圆角矩形到适当的位置，效果如图 9-175 所示。

图 9-173　　　　　　　　　图 9-174　　　　　　　　　图 9-175

步骤 3 在"渐变"控制面板中，将渐变色设为从黄色（其 C、M、Y、K 的值分别为 0、20、100、0）到橘黄色（其 C、M、Y、K 的值分别为 0、77、100、0），其他选项的设置如图 9-176 所示，图形被填充渐变色，并设置描边色为无，效果如图 9-177 所示。选择"圆角矩形"工具 ，在渐变圆角矩形上再绘制一个小圆角矩形，填充图形为白色并设置描边色为无，效果如图 9-178 所示。

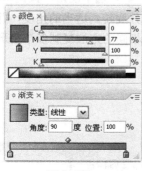

图 9-176　　　　　　　　　图 9-177　　　　　　　　　图 9-178

步骤 4 按<Ctrl>+<Shift>+<F10>组合键，弹出"透明度"控制面板，单击右上方的图标 ，在弹出的下拉菜单中选择"建立不透明蒙版"命令，取消"剪切"复选框的勾选，并单击"编辑不透明蒙版"缩览图，如图 9-179 所示。

步骤 5 选择"圆角矩形"工具 ◻️，在白色的圆角矩形上方绘制一个圆角矩形。在"渐变"控制面板中，将渐变色设为从白色到黑色，其他选项的设置如图 9-180 所示，图形建立半透明效果，如图 9-181 所示。在"透明度"控制面板中，单击"停止编辑不透明蒙版"缩览图，如图 9-182 所示，效果如图 9-183 所示。

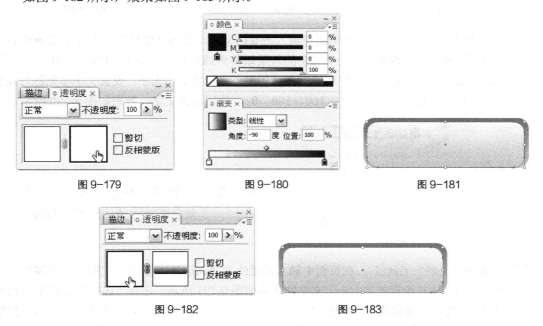

图 9-179   图 9-180   图 9-181

图 9-182   图 9-183

步骤 6 选择"选择"工具 ▶️，用圈选的方法将需要的图形同时选取，按<Ctrl>+<G>组合键，将其编组，如图 9-184 所示。用相同的方法再次制作一个绿色渐变图形，效果如图 9-185 所示。

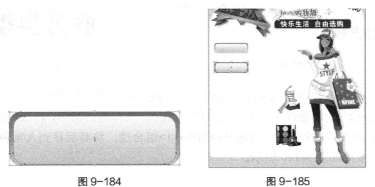

图 9-184   图 9-185

11. 添加产品介绍

步骤 1 选择"文字"工具 T，在页面中输入需要的文字。选择"选择"工具 ▶️，在属性栏中选择合适的字体并设置文字大小，文字的效果如图 9-186 所示。用圈选的方法将文字和编组图形同时选取，如图 9-187 所示。选择"窗口 > 对齐"命令，弹出"对齐"控制面板，单击"垂直居中分布"按钮 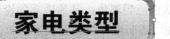 和"水平居中分布"按钮 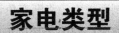，效果如图 9-188 所示。按<Ctrl>+<G>组合键，将其编组。

图 9-186   图 9-187   图 9-188

步骤 2 选择"文字"工具 T，在页面中输入需要的文字。选择"选择"工具 ，在属性栏中选择合适的字体并设置文字大小，文字的效果如图 9-189 所示。选择"文字"工具 T，分别选取需要的文字，分别在属性栏中选择合适的字体并设置文字大小，设置文字填充色为红色（其 C、M、Y、K 的值分别为 0、100、100、0），分别填充文字，效果如图 9-190 所示。

图 9-189   图 9-190

步骤 3 选择"文字"工具 T，在页面中输入需要的文字。选择"选择"工具 ，在属性栏中选择合适的字体并设置文字大小，文字的效果如图 9-191 所示。选择"选择"工具 ，用圈选的方法将文字和编组图形同时选取，并在"对齐"控制面板中单击"垂直居中分布"按钮 和"水平居中分布"按钮 ，效果如图 9-192 所示。按<Ctrl>+<G>组合键，将其编组。

图 9-191   图 9-192

步骤 4 选择"直线段"工具 ，按住<Shift>键的同时，在适当的位置绘制一条直线，如图 9-193 所示。在"描边"控制面板中，选中"虚线"复选框，文本框被激活，各选项的设置如图 9-194 所示，效果如图 9-195 所示。连续按<Ctrl>+<[>组合键，将其后移到人物图形的下方，取消选取状态，效果如图 9-196 所示。

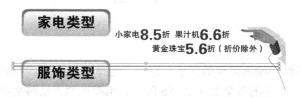   

图 9-193   图 9-194

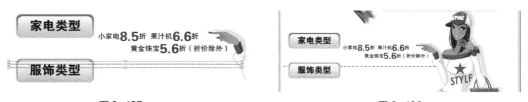

图 9-195　　　　　　　　　　　　　　　　图 9-196

步骤 **5** 选择"圆角矩形"工具 ▢，在页面中单击，弹出"圆角矩形"对话框，选项的设置如图 9-197 所示，单击"确定"按钮，得到一个圆角矩形。选择"选择"工具 ▶，拖曳圆角矩形到适当的位置，效果如图 9-198 所示。设置填充色为灰色（其 C、M、Y、K 的值分别为 0、0、0、10），填充图形，并设置描边色为无，效果如图 9-199 所示。

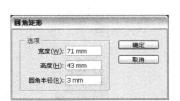

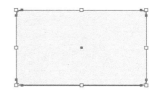

图 9-197　　　　　　　　　　图 9-198　　　　　　　　　　图 9-199

步骤 **6** 选择"选择"工具 ▶，选中图形，按住<Alt>+<Shift>组合键的同时，垂直向下拖曳图形到适当的位置，复制一个图形，效果如图 9-200 所示。选择"圆角矩形"工具 ▢，在页面中单击，弹出"圆角矩形"对话框，选项的设置如图 9-201 所示，单击"确定"按钮，得到一个圆角矩形。选择"选择"工具 ▶，拖曳圆角矩形到适当的位置，设置填充色为灰色（其 C、M、Y、K 的值分别为 0、0、0、10），填充图形，并设置描边色为无，效果如图 9-202 所示。

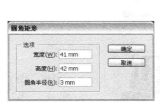

图 9-200　　　　　　　　　　图 9-201　　　　　　　　　　图 9-202

步骤 **7** 选择"选择"工具 ▶，选中图形，按住<Alt>+<Shift>组合键的同时，垂直向下拖曳图形到适当的位置，复制一个图形，效果如图 9-203 所示。按住<Shift>键的同时，单击需要的图形将其同时选取，并在"对齐"控制面板中单击"垂直顶对齐"按钮 ▯ 和"垂直居中对齐"按钮 ▥，效果如图 9-204 所示。用相同的方法将下方的两个圆角矩形对齐，效果如图 9-205 所示。

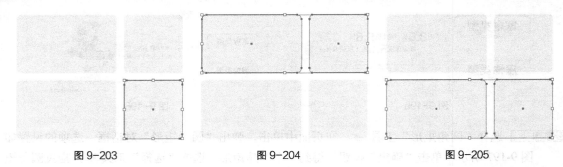

图 9-203   图 9-204   图 9-205

步骤 8 选择"选择"工具 ↖，按住<Shift>键的同时，单击需要的图形，将其同时选取，连续按<Ctrl>+<[>组合键，将其后移到素材图形的下方，效果如图 9-206 所示。取消圆角矩形的选取状态，按住<Shift>键的同时，单击右侧的两个素材图形，将其同时选取，拖曳到适当的位置，效果如图 9-207 所示。

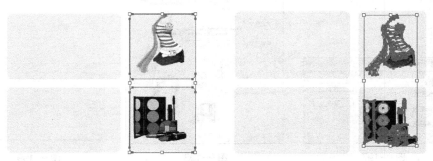

图 9-206   图 9-207

步骤 9 选择"文字"工具 T，在页面中输入需要的文字。选择"选择"工具 ↖，在属性栏中选择合适的字体并设置文字大小，文字的效果如图 9-208 所示。设置文字填充色为黄色（其 C、M、Y、K 的值分别为 0、50、100、0），填充文字。按<Ctrl>+<T>组合键，弹出"字符"控制面板，将"设置所选字符的字符间距调整"选项 AV 设置为 180，文字效果如图 9-209 所示。

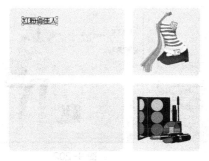

图 9-208   图 9-209

步骤 10 选择"文字"工具 T，拖曳出一个文本框，在属性栏中选择合适的字体并设置文字大小，然后在文本框中输入需要的文字。选择"选择"工具 ↖，在"字符"控制面板中将"设置所选字符的字符间距调整"选项 AV 设置为 80，文字效果如图 9-210 所示。选择"文字"工具 T，选取需要的文字，并在属性栏中设置适当的文字大小，效果如图 9-211 所示。

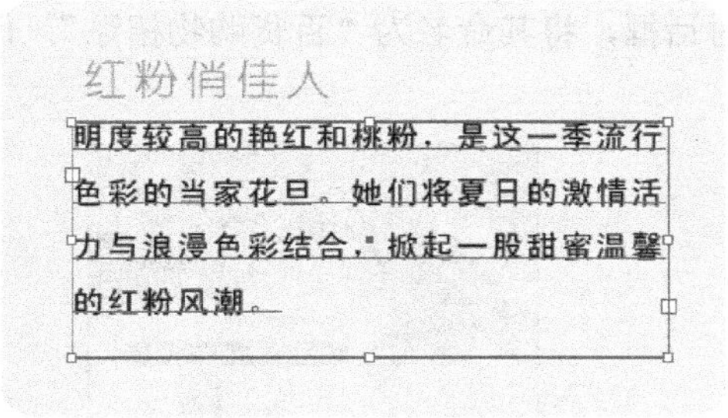
红粉俏佳人
明度较高的艳红和桃粉，是这一季流行色彩的当家花旦。她们将夏日的激情活力与浪漫色彩结合，掀起一股甜蜜温馨的红粉风潮。

图 9-210

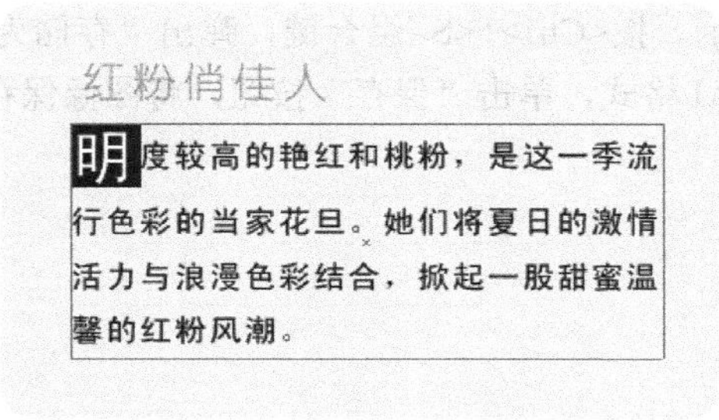
红粉俏佳人
明度较高的艳红和桃粉，是这一季流行色彩的当家花旦。她们将夏日的激情活力与浪漫色彩结合，掀起一股甜蜜温馨的红粉风潮。

图 9-211

步骤 11 选择“文字”工具T，在页面中输入需要的文字。选择“选择”工具，在属性栏中选择合适的字体并设置文字大小。设置文字填充色为黄色（其C、M、Y、K的值分别为0、50、100、0），填充文字，并在“字符”控制面板中将“设置所选字符的字符间距调整”选项AV设置为80，文字效果如图9-212所示。

红粉俏佳人
明度较高的艳红和桃粉，是这一季流行色彩的当家花旦。她们将夏日的激情活力与浪漫色彩结合，掀起一股甜蜜温馨的红粉风潮。
CER 柔光完美粉底

图 9-212

步骤 12 选择“文字”工具T，拖曳出一个文本框，在属性栏中选择合适的字体并设置文字大小，然后在文本框中输入需要的文字。选择“选择”工具，在“字符”控制面板中将“设置所选字符的字符间距调整”选项AV设置为80，文字效果如图9-213所示。选择“文字”工具T，选取需要的文字，并在属性栏中设置适当的文字大小，效果如图9-214所示。

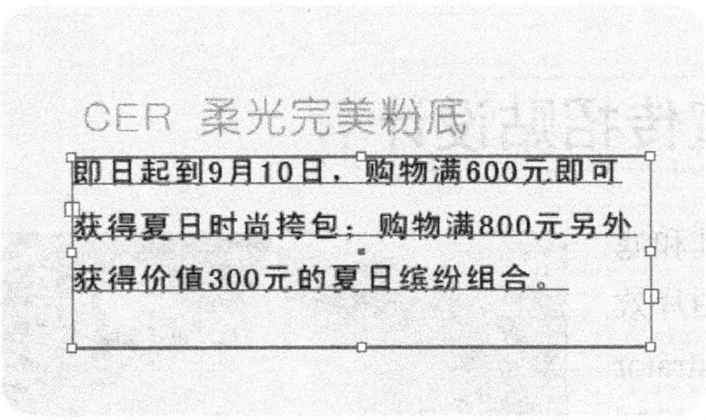
CER 柔光完美粉底
即日起到9月10日，购物满600元即可获得夏日时尚挎包；购物满800元另外获得价值300元的夏日缤纷组合。

图 9-213

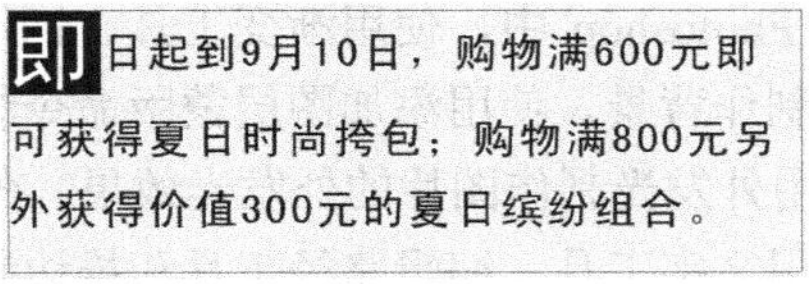
即日起到9月10日，购物满600元即可获得夏日时尚挎包；购物满800元另外获得价值300元的夏日缤纷组合。

图 9-214

步骤 13 选择“文字”工具T，在页面中输入需要的文字。选择“选择”工具，在属性栏中选择合适的字体并设置文字大小。在“字符”控制面板中将“设置所选字符的字符间距调整”选项AV设置为480，文字效果如图9-215所示。百货购物招贴制作完成，效果如图9-216所示。按<Ctrl>+<S>组合键，弹出"存储为"对话框，将其命名为"百货购物招贴"，保存为AI格式，单击"保存"按钮，将图像保存。

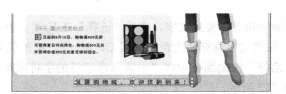

图 9-215

图 9-216

9.2 综合演练——汽车销售招贴设计

在 Photoshop 中，使用渐变工具、钢笔工具、羽化命令和色阶命令制作招贴背景效果。使用钢笔工具和渐变工具绘制装饰图形。使用添加图层蒙版命令制作图片和投影效果。在 Illustrator 中，使用文字工具、编辑路径工具、钢笔工具、描边控制面板和不透明度命令制作标志效果。使用文字工具添加内容文字。（最终效果参看光盘中的"Ch09 > 效果 > 汽车销售招贴设计 > 汽车销售招贴"，如图 9-217 所示。）

图 9-217

9.3 综合演练——牛奶宣传招贴设计

在 Photoshop 中，使用渐变工具、钢笔工具和滤镜命令制作背景。使用添加图层蒙版命令制作图片效果。使用外发光制作图片的外发光效果。在 Illustrator 中，使用文字工具、编辑路径工具和描边制作面板制作宣传标语，使用文字工具添加其他内容文字。（最终效果参看光盘中的"Ch09 > 效果 > 牛奶宣传招贴设计 > 牛奶宣传招贴"，如图 9-218 所示。）

图 9-218

第10章 杂志设计

杂志是比较专项的宣传媒介之一，它具有目标受众准确、实效性强、宣传力度大，效果明显等特点。时尚类杂志的设计可以新潮、时尚、色彩丰富。版式内的图文编排可以灵活多变，但要注意把握风格的整体性。本章以新时尚杂志为例，讲解杂志的设计和制作技巧。

 课堂学习目标

- 在 Photoshop 软件中制作封面背景
- 在 Illustrator 软件中制作并添加相关栏目和信息

10.1 杂志封面设计

10.1.1 【案例分析】

新时尚杂志是一本为走在时尚前沿的人们准备的资讯类杂志。主要内容是介绍美容、服饰、造型、彩妆等信息。在封面设计上要营造出时尚和潮流感。

10.1.2 【设计理念】

通过极具时尚气息的女性照片和蓝色的色调烘托出时尚且充满知性的气息。通过对文字颜色的处理，展现出杂志宣传的主要特色，给人醒目直观的印象，同时增加了画面的活力和节奏感。文字的编排紧凑有序，主题突出。（最终效果参看光盘中的"Ch10 > 效果 > 杂志封面设计 > 杂志封面"，如图 10-1 所示。）

图 10-1

10.1.3 【操作步骤】

Photoshop 应用

1. 制作渐变背景

步骤 1 按<Ctrl>+<N>组合键，新建一个文件：宽度为 21cm，高度为 29.7cm，分辨率为 300 像素/英寸，颜色模式为 RGB，背景内容为白色。

步骤 2 在"图层"控制面板中单击"创建新图层"按钮 ，生成新的图层并将其命名为"渐变"。选择"渐变"工具 ，单击属性栏中的"点按可编辑渐变"按钮 ，弹出"渐变编辑器"对话框，将渐变色设为从浅蓝色（其 R、G、B 的值分别为 156、173、192）到深蓝色（其 R、G、B 的值分别为 63、89、119），如图 10-2 所示，单击"确定"按钮。按住<Shift>键的同时，在图像窗口中由左向右拖曳渐变，效果如图 10-3 所示。

图 10-2   图 10-3

步骤 3 按<Ctrl>+<O>组合键，打开光盘中的"Ch10 > 素材 > 杂志封面设计 > 01"文件，如图 10-4 所示。选择"移动"工具 ，将图片拖曳到新建的图像窗口中，并调整其位置和大小，效果如图 10-5 所示。在"图层"控制面板中生成新的图层"图层 1"。按<Ctrl>+<E>组合键，将"图层 1"图层和"渐变"图层合并，并将其命名为"人物"，如图 10-6 所示。

图 10-4   图 10-5   图 10-6

2.　添加镜头光晕效果

选择"滤镜 > 渲染 > 镜头光晕"命令，弹出"镜头光晕"对话框，在"光晕中心"预览框中，拖曳十字光标设定炫光位置，其他选项的设置如图 10-7 所示，单击"确定"按钮，效果如图 10-8 所示。封面背景制作完成。按<Ctrl>+<Shift>+<E>组合键，合并可见图层。按<Ctrl>+<S>组合键，弹出"存储为"对话框，将其命名为"封面背景"，保存为 TIFF 格式，单击"保存"按钮，将图像保存。

图 10-7

图 10-8

Illustrator 应用

3.　添加杂志名称和出版信息

步骤 1 打开 Illustrator CS3 软件，按<Ctrl>+<N>组合键，弹出"新建文档"对话框，选项的设置如图 10-9 所示，单击"确定"按钮，新建一个文档。选择"文件 > 置入"命令，弹出"置入"对话框，选择光盘中的"Ch10 > 效果 > 杂志封面设计 > 封面背景"文件，单击"置入"按钮，将图片置入到页面中。在属性栏中单击"嵌入"按钮，嵌入图片。选择"选择"工具，拖曳图片到适当的位置，效果如图 10-10 所示。

图 10-9

图 10-10

步骤 2 选择"文字"工具 T，在页面中输入需要的文字。选择"选择"工具，在属性栏中选择合适的字体并设置文字大小。设置文字填充色为黄色（其 C、M、Y、K 的值分别为 0、10、90、0），填充文字，效果如图 10-11 所示。按<Ctrl>+<T>组合键，弹出"字符"控制面板，将"设置所选字符的字符间距调整"选项 AV 设置为-80，文字效果如图 10-12 所示。

图 10-11

图 10-12

步骤 3 选择"文字"工具 T，在页面中输入需要的白色文字。选择"选择"工具 ，在属性栏中选择合适的字体并设置文字大小。在"字符"控制面板中，将"设置所选字符的字符间距调整"选项 AV 设置为-40，文字效果如图 10-13 所示。选择"效果 > 风格化 > 投影"命令，弹出"投影"对话框，选项的设置如图 10-14 所示，单击"确定"按钮，效果如图 10-15 所示。

图 10-13

图 10-14

图 10-15

步骤 4 选择"文字"工具 T，在页面中输入需要的文字。选择"选择"工具 ，在属性栏中选择合适的字体并设置文字大小。在"字符"控制面板中将"设置所选字符的字符间距调整"选项 AV 设置为 40，文字效果如图 10-16 所示。选择"文字"工具 T，在页面中输入需要的文字。选择"选择"工具 ，在属性栏中选择合适的字体并设置文字大小。在"字符"控制面板中将"设置所选字符的字符间距调整"选项 设置为 100，文字效果如图 10-17 所示。用相同的方法输入需要的文字，并在"字符"控制面板在将"设置所选字符的字符间距调整"选项 AV 设置为-60，文字效果如图 10-18 所示。

图 10-16

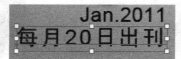

图 10-17

图 10-18

4. 添加装饰图形和文字

步骤 1 选择"窗口 > 符号库 > 庆祝"命令，弹出"庆祝"控制面板，选择需要的符号，如图 10-19 所示，拖曳符号到适当的位置并调整其大小，效果如图 10-20 所示。

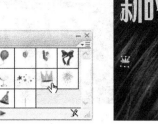

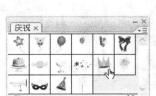

图 10-19   图 10-20

步骤 2 选择"钢笔"工具 ，在页面中绘制一个心形，设置填充色为洋红色（其 C、M、Y、
K 的值为 0、90、38、0），填充图形，效果如图 10-21 所示。选择"效果 > 风格化 > 投影"
命令，弹出"投影"对话框，选项的设置如图 10-22 所示，单击"确定"按钮，效果如图 10-23
所示。选择"选择"工具 ，按住<Shift>键的同时，单击黄冠图形，将黄冠图形和心形同
时选中，按<Ctrl>+<G>组合键，将其编组，如图 10-24 所示。

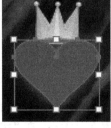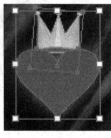

图 10-21   图 10-22   图 10-23   图 10-24

步骤 3 选择"文字"工具 ，在页面中输入需要的文字。选择"选择"工具 ，在属性栏中
选择合适的字体并设置文字大小。在"字符"控制面板中将"设置所选字符的字符间距调整"
选项 设置为-80。设置文字填充色为黄色（其 C、M、Y、K 的值分别为 0、19、100、0），
填充文字，效果如图 10-25 所示。选择"文字"工具 ，在页面中输入需要的文字。选择"选
择"工具 ，在属性栏中选择合适的字体并设置文字大小，填充与文字"37"相同的黄色，
效果如图 10-26 所示。

步骤 4 选择"文字"工具 ，选取文字"0"，单击"字符"控制面板右上方的图标 ，在弹
出的下拉菜单中选择"上标"命令，如图 10-27 所示，文字效果如图 10-28 所示。

图 10-25   图 10-26

图 10-27　　　　　　　　　　　　　　　　　图 10-28

步骤 5　选择"文字"工具 T，分别在页面中输入需要的白色文字。选择"选择"工具 ，分别在属性栏中选择合适的字体并设置文字大小，效果如图 10-29 所示。按住<Shift>键的同时，单击需要的文字将其同时选取，在"字符"控制面板中将"设置所选字符的字符间距调整"选项 AV 设置为-80，文字效果如图 10-30 所示。

图 10-29　　　　　　　　　　　　　　　　　图 10-30

步骤 6　选择"文字"工具 T，在页面中输入需要的文字。选择"选择"工具 ，在属性栏中选择合适的字体并设置文字大小。在"字符"控制面板中将"设置所选字符的字符间距调整"选项 AV 设置为 100。设置文字填充色为红色（其 C、M、Y、K 的值分别为 0、100、100、0），填充文字，效果如图 10-31 所示。

步骤 7　选择"文字"工具 T，在页面中输入需要的白色文字。选择"选择"工具 ，在属性栏中选择合适的字体并设置文字大小。在"字符"控制面板中将"设置所选字符的字符间距调整"选项 AV 设置为-80，文字效果如图 10-32 所示。

图 10-31　　　　　　　　　　　　　　　　　图 10-32

步骤 8　选择"文字"工具 T，在页面中输入需要的文字。选择"选择"工具 ，在属性栏中选择合适的字体并设置文字大小。在"字符"控制面板中将"设置所选字符的字符间距调整"选项 AV 设置为-80。设置文字填充色为黄色（其 C、M、Y、K 的值分别为 0、16、100、0），填充文字，如图 10-33 所示。选择"文字"工具 T，选取需要的文字"BOB"，设置文字填充色为红色（其 C、M、Y、K 的值分别为 0、100、100、35），填充文字，取消选取状态，效果如图 10-34 所示。

图 10-33

图 10-34

步骤 9 选择"文字"工具 **T**，在页面中输入需要的文字。选择"选择"工具 ，在属性栏中选择合适的字体并设置文字大小。在"字符"控制面板中将"设置所选字符的字符间距调整"选项 **AV** 设置为-100。设置文字填充色为黄色（其 C、M、Y、K 的值分别为 0、10、90、0），填充文字，如图 10-35 所示。选择"效果 > 风格化 > 投影"命令，弹出"投影"对话框，选项的设置如图 10-36 所示，单击"确定"按钮，效果如图 10-37 所示。

图 10-35

图 10-36

图 10-37

步骤 10 选择"椭圆"工具 ，按住<Shift>键的同时，在页面中绘制圆形，设置填充色为深蓝色（其 C、M、Y、K 的值分别为 62、24、0、52），填充图形。并在属性栏中将"不透明度"选项设为 40%，效果如图 10-38 所示。

步骤 11 选择"文件 > 置入"命令，弹出"置入"对话框，选择光盘中的"Ch10 > 素材 > 杂志封面设计 > 02"文件，单击"置入"按钮，将图片置入到页面中。在属性栏中单击"嵌入"按钮，嵌入图片。选择"选择"工具 ，拖曳嵌入的图片到适当的位置并调整其大小，效果如图 10-39 所示。选择"旋转"工具 ，在圆形的中心点单击，以圆形的中心点为图片的旋转中心点，按住<Alt>键的同时，拖曳图片到适当的位置，效果如图 10-40 所示。连续按<Ctrl>+<D>组合键，复制出多个图片，效果如图 10-41 所示。选择"选择"工具 ，用圈选的方法将需要的图片同时选中，按<Ctrl>+<G>组合键，将其编组，如图 10-42 所示。

图 10-38

图 10-39

图 10-40

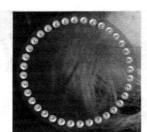

图 10-41   图 10-42

步骤 12 选择"文字"工具 **T**，分别在页面中输入需要的白色文字。选择"选择"工具 **▶**，分别在属性栏中选择合适的字体并设置文字大小，效果如图 10-43 所示。按住<Shift>键的同时，单击需要的文字将其同时选取，在"字符"控制面板中将"设置所选字符的字符间距调整"选项 **AV** 设置为-40，文字效果如图 10-44 所示。选择"选择"工具 **▶**，用圈选的方法，将需要的图形和文字同时选取，按<Ctrl>+<G>组合键，将其编组，如图 10-45 所示。

图 10-43   图 10-44   图 10-45

5. 添加栏目名称

步骤 1 选择"文字"工具 **T**，在页面中输入需要的文字。选择"选择"工具 **▶**，在属性栏中选择合适的字体并设置文字大小。在"字符"控制面板中将"设置所选字符的字符间距调整"选项 **AV** 设置为-90。设置文字填充色为粉红色（其 C、M、Y、K 的值分别为 0、81、0、0），填充文字，效果如图 10-46 所示。用相同的方法再输入需要的文字并填充与文字"秋冬彩妆"相同的颜色，在"字符"控制面板中将"设置所选字符的字符间距调整"选项 **AV** 设置为-20，文字效果如图 10-47 所示。

图 10-46   图 10-47

步骤 2 选择"选择"工具 **▶**，按住<Shift>键的同时，单击需要的文字将其同时选取，按<Ctrl>+<Shift>+<O>组合键，将文字转换为轮廓，如图 10-48 所示。在"描边"控制面板中，单击"对齐描边"选项组中的"使描边外侧对齐"按钮 ，其他选项的设置如图 10-49 所示，文字效果如图 10-50 所示。按<Ctrl>+<G>组合键，将其编组。

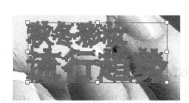

图 10-48　　　　　　　　　　图 10-49　　　　　　　　　　图 10-50

步骤 3 选择"椭圆"工具 ，在页面中绘制椭圆形，如图 10-51 所示。选择"添加锚点"工具 ，分别在椭圆形的左侧和右侧单击添加锚点，如图 10-52 所示。选择"直接选择"工具 ，用圈选的方法选取需要的节点，如图 10-53 所示，按<Delete>键，将其删除，效果如图 10-54 所示。

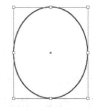

图 10-51　　　　图 10-52　　　　图 10-53　　　　图 10-54

步骤 4 选择"椭圆"工具 ，在弧线的上方绘制一个圆形，设置填充色为紫色（其 C、M、Y、K 的值分别为 32、82、2、0），填充图形，并设置描边色为无，效果如图 10-55 所。选择"选择"工具 ，选中图形，按住<Alt>+<Shift>组合键的同时，水平向右拖曳图形到适当的位置，复制一个图形，如图 10-56 所示。

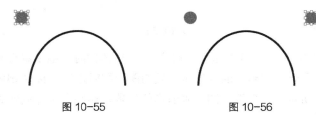

图 10-55　　　　　　　　　　图 10-56

步骤 5 双击"混合"工具 ，弹出"混合选项"对话框，选项的设置如图 10-57 所示，单击"确定"按钮，分别在两个圆形上单击，混合效果如图 10-58 所示。选择"选择"工具 ，用圈选的方法将需要的图形同时选取，如图 10-59 所示。选择"对象 > 混合 > 替换混合轴"命令，效果如图 10-60 所示。

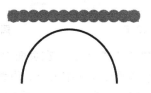

图 10-57　　　　　　　　　　图 10-58

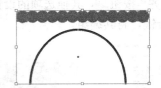

图 10-59　　　　　　　　图 10-60

步骤 6 选择"星形"工具 ☆，在页面中单击，弹出"星形"对话框，选项的设置如图 10-61 所示，单击"确定"按钮，得到一个星形。设置填充色为紫色（其 C、M、Y、K 的值分别为 32、82、2、0），填充图形，并设置描边色为无，效果如图 10-62 所示。

图 10-61　　　　　　　　图 10-62

步骤 7 选择"选择"工具 ，拖曳星形到适当的位置，如图 10-63 所示。双击"旋转"工具 ，弹出"旋转"对话框，选项的设置如图 10-64 所示，单击"确定"按钮，效果如图 10-65 所示。

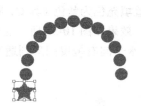

图 10-63　　　　　　图 10-64　　　　　　图 10-65

步骤 8 选择"选择"工具 ，选中星形，按住<Alt>键的同时，拖曳星形到适当的位置，复制星形，如图 10-66 所示。用圈选的方法将需要的图形同时选取，按<Ctrl>+<G>组合键，将其编组，如图 10-67 所示。拖曳编组图形到适当的位置，调整大小并旋转到适当的角度，效果如图 10-68 所示。

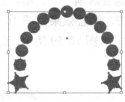

图 10-66　　　　　　图 10-67　　　　　　图 10-68

步骤 9 选择"文字"工具 T，在页面中输入需要的文字。选择"选择"工具 ，在属性栏中选择合适的字体并设置文字大小。设置文字填充色为黄色（其 C、M、Y、K 的值分别为 0、25、94、0），填充文字，效果如图 10-69 所示。按<Ctrl>+<Shift>+<O>组合键，将文字转换为轮廓。设置描边色为白色，在"描边"控制面板中，单击"对齐描边"选项组中的"使描边外侧对齐"按钮 ，其他选项的设置如图 10-70 所示，文字效果如图 10-71 所示。

| 图 10-69 | 图 10-70 | 图 10-71 |

步骤 10 选择"选择"工具 ，拖曳文字到适当的位置并旋转其角度，效果如图 10-72 所示。选择"文字"工具 T ，在页面中输入需要的文字。选择"选择"工具 ，在属性栏中选择合适的字体并设置文字大小。在"字符"控制面板中将"设置所选字符的字符间距调整"选项 AV 设置为 60，文字效果如图 10-73 所示。

| 图 10-72 | 图 10-73 |

步骤 11 选择"椭圆"工具 ，按住<Shift>键的同时，在页面中绘制一个圆形，设置填充色为紫色（其 C、M、Y、K 的值分别为 32、82、2、0），填充图形，并设置描边色为无，效果如图 10-74 所示。选择"选择"工具 ，选中图形，按住<Alt>+<Shift>组合键的同时，水平向右拖曳图形到适当的位置，复制一个图形，如图 10-75 所示。按两次<Ctrl>+<D>组合键，复制出两个图形，效果如图 10-76 所示。

| 图 10-74 | 图 10-75 | 图 10-76 |

步骤 12 选择"文字"工具 T ，在适当位置输入需要的白色文字。选择"选择"工具 ，在属性栏中选择合适的字体并设置文字大小，效果如图 10-77 所示。在"字符"控制面板中将"设置所选字符的字符间距调整"选项 AV 设置为 580，文字效果如图 10-78 所示。

| 图 10-77 | 图 10-78 |

步骤 13 选择"文字"工具 T，在页面中输入需要的文字。选择"选择"工具 ，在属性栏中选择合适的字体并设置文字大小。在"字符"控制面板中将"设置所选字符的字符间距调整"选项 AV 设置为80，设置文字填充色为紫色（其 C、M、Y、K 的值分别为32、82、2、0），填充文字，效果如图 10-79 所示。

图 10-79

步骤 14 选择"文字"工具 T，在页面中输入需要的文字。选择"选择"工具 ，在属性栏中选择合适的字体并设置文字大小。在"字符"控制面板中将"设置所选字符的字符间距调整"选项 AV 设置为-100，文字效果如图 10-80 所示。选择"效果 > 风格化 > 投影"命令，弹出"投影"对话框，将"颜色"选项设置为黑色，其他选项的设置如图 10-81 所示，单击"确定"按钮，效果如图 10-82 所示。用相同的方法制作其余文字效果，如图 10-83 所示。

图 10-80

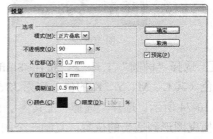

图 10-81

图 10-82

图 10-83

6．添加条形码

步骤 1 选择"矩形"工具 ，在适当的位置绘制一个矩形，将图形填充为白色并设置描边色为无，效果如图 10-84 所示。选择"文件 > 置入"命令，弹出"置入"对话框，选择光盘中的"Ch10 > 素材 > 杂志封面设计 > 03"文件，单击"置入"按钮，将图片置入到页面中。在属性栏中单击"嵌入"按钮，嵌入图片。选择"选择"工具 ，拖曳嵌入的图片到适当的位置并调整其大小，效果如图 10-85 所示。

步骤 2 杂志封面制作完成，效果如图 10-86 所示。按<Ctrl>+<S>组合键，弹出"存储为"对话框，将其命名为"杂志封面"，保存为 AI 格式，单击"保存"按钮，将文件保存。

图 10-84

图 10-85

图 10-86

10.2 杂志目录设计

10.2.1 【案例分析】

本例是为新时尚杂志设计制作目录，主要是介绍杂志的核心内容。在设计时要求通过图片和文字的合理编排，展示出杂志的主要信息和栏目特色。

10.2.2 【设计理念】

通过文字的颜色、大小来区分栏目。通过线条和符号图形将文字串联在一起，给人连续、紧凑的印象。通过活泼的图片编排和靓丽的色彩应用，增加了版面的活力感，形成轻松时尚、前卫新潮的画面。（最终效果参看光盘中的"Ch10 > 效果 > 杂志目录设计 > 杂志目录"，如图 10-87 所示。）

图 10-87

10.2.3 【操作步骤】

Illustrator 应用

1. 制作目录标题

步骤 1 按<Ctrl>+<N>组合键，弹出"新建文档"对话框，选项的设置如图 10-88 所示，单击"确定"按钮，新建一个文档，如图 10-89 所示。

图 10-88　　　　　　　　　　　　　　　　图 10-89

步骤 2 选择"矩形"工具 ▢，在页面左上方绘制一个矩形，设置填充色为蓝色（其 C、M、Y、K 的值分别为 100、36、0、0），填充图形，并设置描边色为无，效果如图 10-90 所示。选择"文字"工具 T，在页面中输入需要的白色文字。选择"选择"工具 ▸，在属性栏中选择合适的字体并设置文字大小，效果如图 10-91 所示。在"字符"面板中将"设置所选字符的字符间距调整"选项 AV 设置为-80，文字效果如图 10-92 所示。

图 10-90　　　　　　　　　　图 10-91　　　　　　　　　　图 10-92

步骤 3 选择"文字"工具 T，在页面中输入需要的白色文字。选择"选择"工具 ▸，在属性栏中选择合适的字体并设置文字大小，如图 10-93 所示。选择"文字"工具 T，在页面中输入需要的文字。选择"选择"工具 ▸，在属性栏中选择合适的字体并设置文字大小，如图 10-94 所示。在"字符"控制面板中将"设置所选字符的字符间距调整"选项 AV 设置为-40，文字效果如图 10-95 所示。

图 10-93　　　　　　　　　　图 10-94　　　　　　　　　　图 10-95

步骤 4 选择"文字"工具 T，在页面中输入需要的文字。选择"选择"工具 ▸，在属性栏中选择合适的字体并设置适当的文字大小，如图 10-96 所示。在"字符"控制面板中将"水平缩放"选项 Ｔ 设置为 95%，文字效果如图 10-97 所示。

图 10-96　　　　　　　　　　　　　　　　图 10-97

步骤 5 选择"文字"工具 T，在页面中输入需要的文字。选择"选择"工具 ，在属性栏中选择合适的字体并设置适当的文字大小，在"字符"控制面板中将"设置所选字符的字符间距调整"选项 AV 设置为 40，效果如图 10-98 所示。

图 10-98

步骤 6 选择"文字"工具 T，在页面中输入需要的文字。选择"选择"工具 ，在属性栏中选择合适的字体并设置适当的文字大小，在"字符"控制面板中将"设置所选字符的字符间距调整"选项 AV 设置为 40，效果如图 10-99 所示。

图 10-99

步骤 7 选择"文字"工具 T，在页面中输入需要的文字。选择"选择"工具 ，在属性栏中选择合适的字体并设置文字大小，如图 10-100 所示。在"字符"控制面板中将"设置所选字符的字符间距调整"选项 AV 设置为 3460，文字效果如图 10-101 所示。选择"文字"工具 T，分别选择需要的文字，设置文字填充色为蓝色（其 C、M、Y、K 的值分别为 100、0、0、0），填充文字，效果如图 10-102 所示。

图 10-100　　　　　　　　　　　　　　　图 10-101

图 10-102

步骤 8 选择"直线段"工具 ，按住<Shift>键的同时，在适当的位置绘制一条直线，设置描边色为灰色（其 C、M、Y、K 的值分别为 24、16、16、0），填充描边，效果如图 10-103 所示。选择"选择"工具 ，按住<Shift>+<Alt>组合键，垂直向下拖曳直线到适当位置，复制出一条直线，效果如图 10-104 所示。按<Ctrl>+<D>组合键，再复制出一条直线，取消直线的选取状态，效果如图 10-105 所示。

图 10-103　　　　　　　　图 10-104　　　　　　　　图 10-105

步骤 9 选择 "选择" 工具 ，用圈选的方法将 3 条直线同时选取，按<Ctrl>+<G>组合键，将其编组。按住<Shift>+<Alt>组合键，水平向右拖曳编组图形到适当位置，复制编组直线，并调整其大小，效果如图 10-106 所示。

图 10-106

2. 制作目录背景

步骤 1 选择 "矩形" 工具 ，在页面的适当位置绘制一个矩形，如图 10-107 所示。设置填充色为浅粉色（其 C、M、Y、K 的值分别为 0、10、0、0），填充图形，效果如图 10-108 所示。

步骤 2 选择 "文件 > 置入" 命令，弹出 "置入" 对话框，选择光盘中的 "Ch10 > 素材 > 杂志目录设计 > 01" 文件，单击 "置入" 按钮，将图片置入到页面中。在属性栏中单击 "嵌入" 按钮，嵌入图片。选择 "选择" 工具 ，拖曳图片到适当的位置，效果如图 10-109 所示。

图 10-107   图 10-108

图 10-109

步骤 3 选择 "文件 > 置入" 命令，弹出 "置入" 对话框，选择光盘中的 "Ch10 > 素材 > 杂志目录设计 > 03" 文件，单击 "置入" 按钮，将图片置入到页面中。在属性栏中单击 "嵌入" 按钮，嵌入图片。选择 "选择" 工具 ，拖曳图片到适当的位置，效果如图 10-110 所示。选择 "矩形" 工具 ，在适当的位置绘制一个矩形，如图 10-111 所示。选择 "选择" 工具 ，按住<Shift>键的同时，单击矩形下方的图片，将其同时选取，如图 10-112 所示。按<Ctrl>+<7>组合键，建立剪切蒙版，取消图片的选取状态，效果如图 10-113 所示。

图 10-110   图 10-111

图 10-112   图 10-113

3. 添加出版信息

步骤 **1** 选择"矩形"工具 ▢，在适当的位置绘制一个矩形，设置填充色为灰色（其 C、M、Y、K 的值分别为 8、5、5、0），填充图形，并设置描边色为无，效果如图 10-114 所示。用相同的方法再绘制一个矩形，在"渐变"控制面板中，将渐变色设为从浅蓝色（其 C、M、Y、K 的值分别为 46、24、17、0）到深蓝色（其 C、M、Y、K 的值分别为 64、24、0、52），其他选项的设置如图 10-115 所示。图形被填充渐变，设置图形的描边色为无，效果如图 10-116 所示。

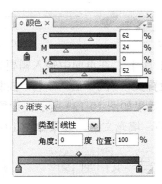

图 10-114   图 10-115   图 10-116

步骤 **2** 选择"文件 > 置入"命令，弹出"置入"对话框，选择光盘中的"Ch10 > 素材 > 杂志目录设计 > 04"文件，单击"置入"按钮，将图片置入到页面中。在属性栏中单击"嵌入"按钮，嵌入图片。选择"选择"工具 ▶，拖曳图片到适当的位置，如图 10-117 所示。

步骤 **3** 选择"文字"工具 T，在页面中输入需要的文字。选择"选择"工具 ▶，在属性栏中选择合适的字体并设置适当的文字大小。在"字符"控制面板中将"设置行距"选项 ⚙ 设置为 28，文字效果如图 10-118 所示。设置文字填充色为灰色（其 C、M、Y、K 的值分别为 0、0、0、70），填充文字，效果如图 10-119 所示。

图 10-117 　　　　　　　　 图 10-118 　　　　　　　　 图 10-119

4. 添加栏目

步骤 1　选择"文字"工具 T，在页面中输入需要的文字。选择"选择"工具 ▶，在属性栏中选择合适的字体并设置文字大小。设置文字填充色为灰色（其 C、M、Y、K 的值分别为 0、0、0、70），填充文字，效果如图 10-120 所示。选择"窗口 > 文字 > 字符样式"命令，弹出"字符样式"控制面板，单击面板下方的"创建新样式"按钮 ◻，生成一个新的字符样式，如图 10-121 所示。双击"字符样式 1"标题，弹出"字符样式选项"对话框，将"样式名称"选项改为"页数"，单击"确定"按钮，"字符样式"控制面板如图 10-122 所示。

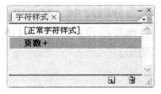

图 10-120 　　　　　　　　 图 10-121 　　　　　　　　 图 10-122

步骤 2　选择"文字"工具 T，在页面中输入需要的文字。选择"选择"工具 ▶，在属性栏中选择合适的字体并设置文字大小。在"字符"控制面板中将"设置所选字符的字符间距调整"选项 ⚙ 设置为 20，效果如图 10-123 所示。设置文字填充色为灰色（其 C、M、Y、K 的值分别为 0、0、0、70），填充文字，效果如图 10-124 所示。

图 10-123 　　　　　　　　　　　　　 图 10-124

步骤 3　选择"窗口 > 文字 > 字符样式"命令，弹出"字符样式"控制面板，单击面板下方的"创建新样式"按钮 ◻，生成一个新的字符样式，如图 10-125 所示。双击"字符样式 2"标题，弹出"字符样式选项"对话框，将"样式名称"选项改为"栏目名称"，单击"确定"按钮，"字符样式"控制面板如图 10-126 所示。

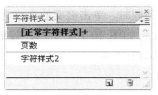

图 10-125

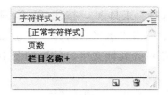

图 10-126

步骤 4 选择"文字"工具 T，在页面中输入需要的文字。选择"选择"工具 ▶，在属性栏中选择合适的字体并设置文字大小，效果如图 10-127 所示。使用相同的方法，新建一个"字符样式"，并将其命名为"标题"，如图 10-128 所示。

图 10-127

图 10-128

步骤 5 选择"文字"工具 T，在页面中输入需要的文字，如图 10-129 所示。单击"字符样式"控制面板中的"页数"样式，如图 10-130 所示，效果如图 10-131 所示。

图 10-129　　　　　　　图 10-130　　　　　　　图 10-131

步骤 6 选择"文字"工具 T，在页面中输入需要的文字，如图 10-132 所示。单击"字符样式"控制面板中的"栏目名称"样式，如图 10-133 所示，效果如图 10-134 所示。

图 10-132　　　　　　　图 10-133　　　　　　　图 10-134

步骤 7 选择"文字"工具 T，在页面中输入需要的文字，如图 10-135 所示。单击"字符样式"控制面板中的"标题"样式，如图 10-136 所示，效果如图 10-137 所示。

图 10-135　　　　　　　图 10-136　　　　　　　图 10-137

步骤 8 使用相同的方法输入需要的文字，并选择文字所对应的字符样式，文字效果如图 10-138

所示。选择"选择"工具，按住<Shift>键的同时，单击需要的文字将其同时选取，在"对齐"控制面板中单击"水平右对齐"按钮，如图 10-139 所示，效果如图 10-140 所示。用相同的方法左对齐其他文字，效果如图 10-141 所示。

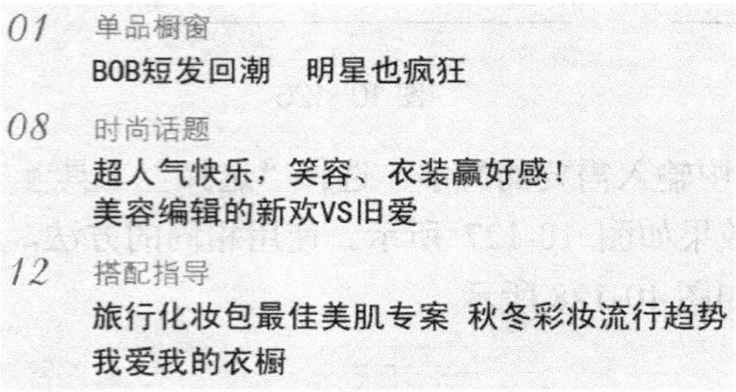

图 10-138

图 10-139

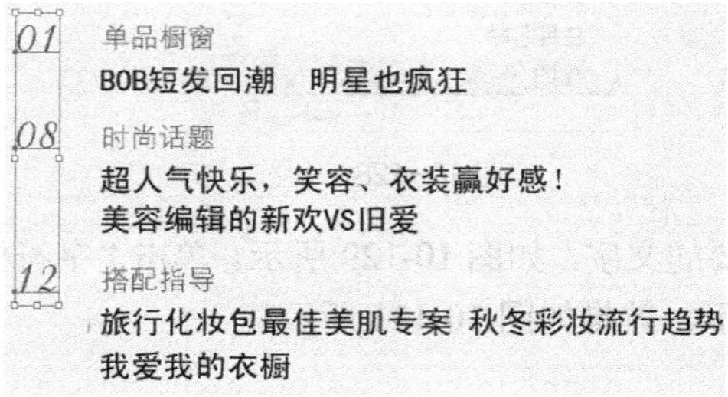

图 10-140

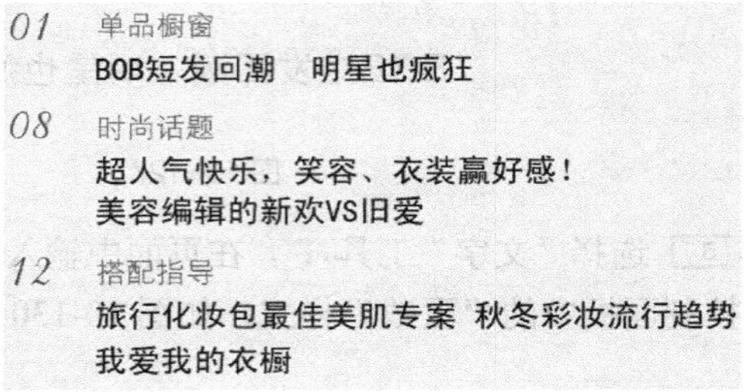

图 10-141

步骤 9 选择"矩形"工具，在适当的位置绘制一个矩形，设置填充色为洋红色（其 C、M、Y、K 的值分别为 7、89、15、0），填充图形，效果如图 10-142 所示。选择"选择"工具，按住<Shift>+<Alt>组合键的同时，水平向右拖曳矩形到适当的位置，并调整其大小，效果如图 10-143 所示。

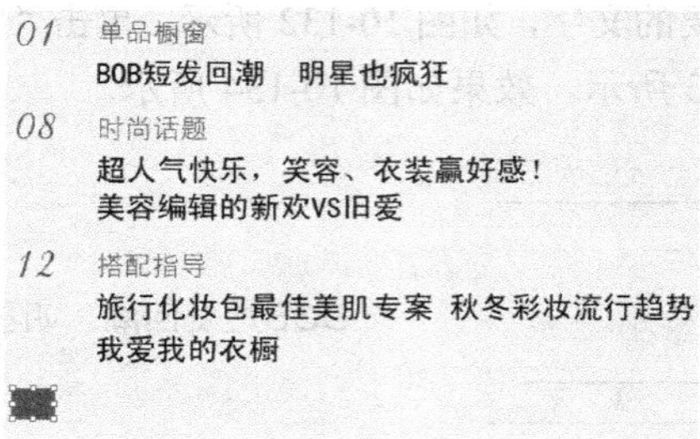

图 10-142

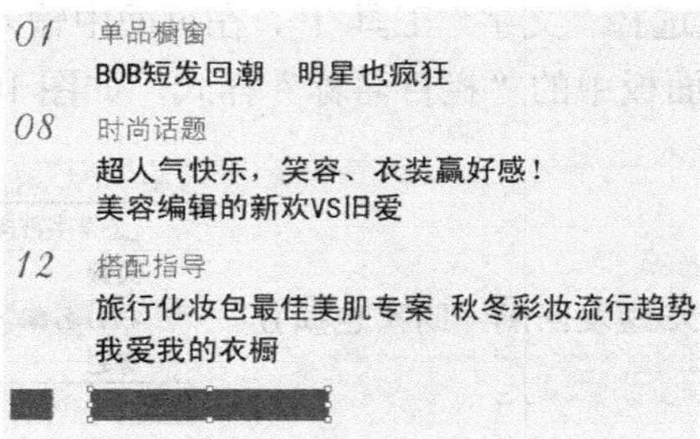

图 10-143

步骤 10 选择"文字"工具，在页面中输入需要的白色文字。选择"选择"工具，在属性栏中选择合适的字体并设置适当的文字大小，如图 10-144 所示。

步骤 11 选择"文字"工具，在页面中输入需要的白色文字。选择"选择"工具，在属性栏中选择合适的字体并设置适当的文字大小。在"字符"控制面板中将"设置所选字符的字符间距调整"选项设置为 20，效果如图 10-145 所示。

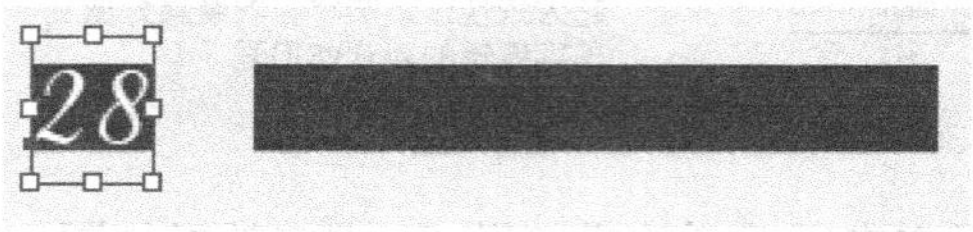

图 10-144

图 10-145

CHAPTER 10

步骤 12 选择"文字"工具 **T**，在页面中输入需要的文字。选择"选择"工具 ，在属性栏中选择合适的字体并设置适当的文字大小。设置文字填充色为橙色（其 C、M、Y、K 的值分别为 0、71、98、0），填充文字，效果如图 10-146 所示。

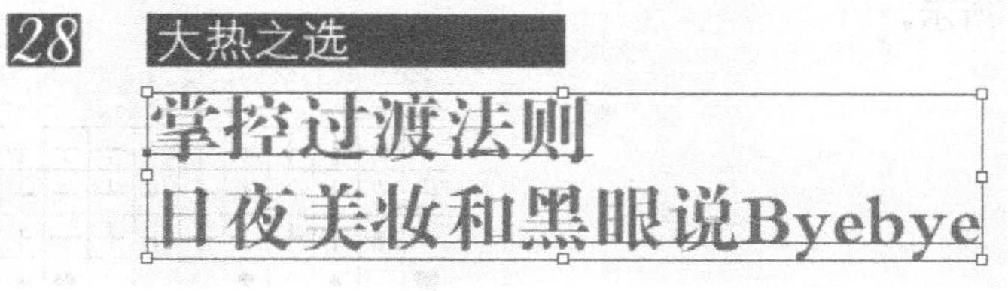

图 10-146

步骤 13 选择"矩形"工具 ，在适当的位置绘制一个矩形，设置填充色为绿色（其 C、M、Y、K 的值分别为 71、15、97、4），填充图形，效果如图 10-147 所示。选择"选择"工具 ，按住<Shift>+<Ctrl>组合键的同时，水平向右拖曳矩形到适当的位置，复制图形，调整其大小，效果如图 10-148 所示。

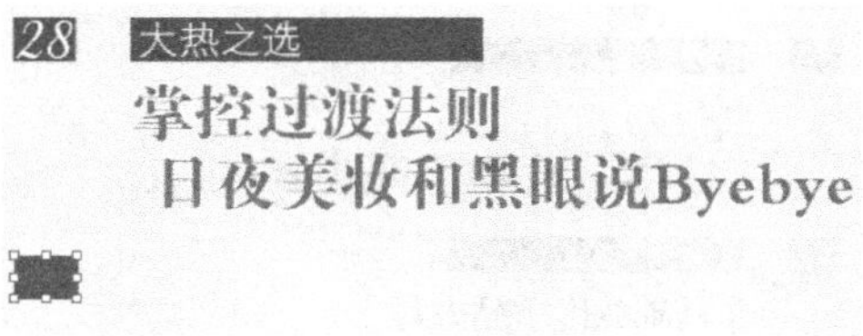

图 10-147

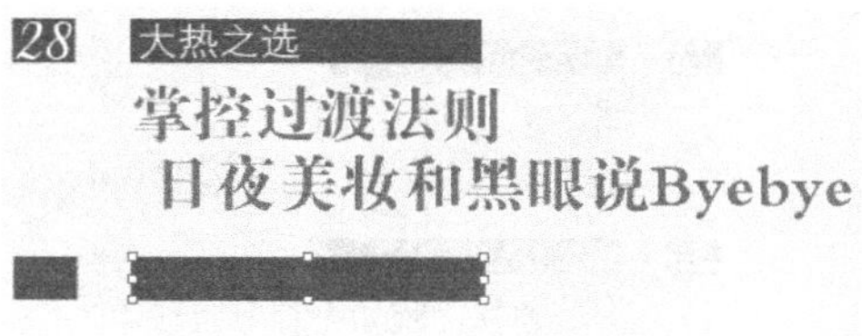

图 10-148

步骤 14 选择"文字"工具 **T**，在页面中输入需要的白色文字。选择"选择"工具 ，在属性栏中选择合适的字体并设置适当的文字大小，效果如图 10-149 所示。

步骤 15 选择"文字"工具 **T**，在页面中输入需要的白色文字。选择"选择"工具 ，在属性栏中选择合适的字体并设置适当的文字大小。在"字符"控制面板中将"设置所选字符的字符间距调整"选项 **AV** 设置为 20，效果如图 10-150 所示。

图 10-149

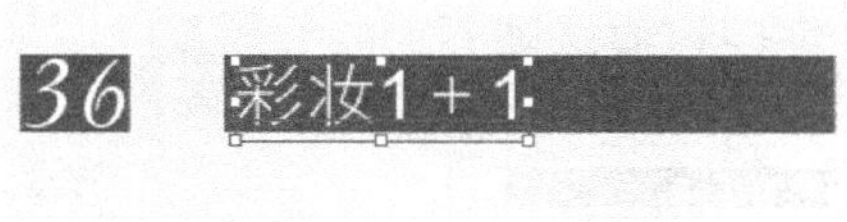

图 10-150

步骤 16 选择"文字"工具 **T**，在页面中输入需要的文字。选择"选择"工具 ，在属性栏中选择合适的字体并设置适当的文字大小。在"字符"控制面板中将"设置所选字符的字符间距调整"选项 **AV** 设置为-120，文字效果如图 10-151 所示。设置文字填充色为绿色（其 C、M、Y、K 的值分别为 0、71、98、0），填充文字，效果如图 10-152 所示。

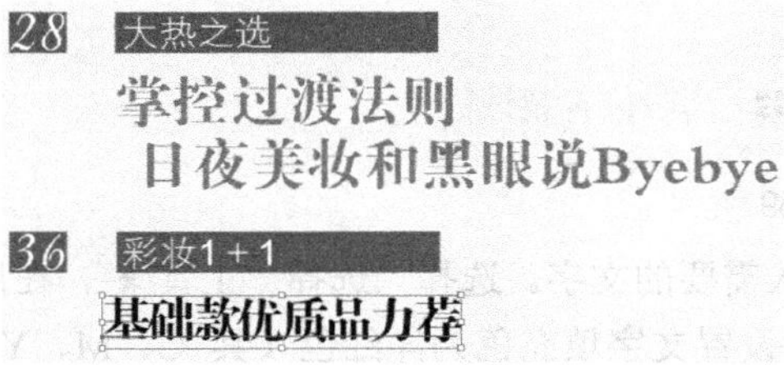

图 10-151

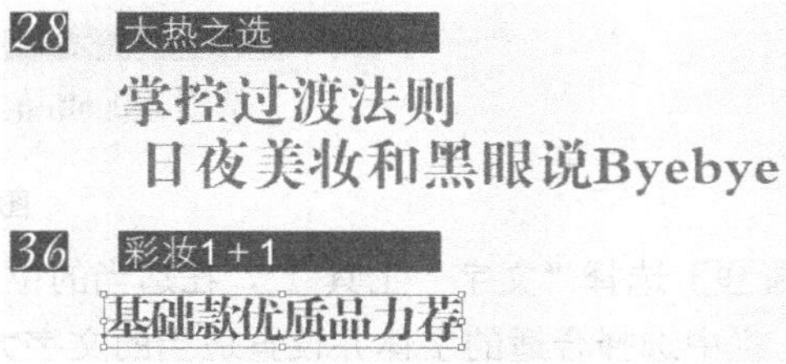

图 10-152

步骤 17 选择"文字"工具 T，在适当的位置单击插入光标，如图 10-153 所示。选择"文字 > 字形"命令，弹出"字形"面板，按需要进行设置并选择需要的字形，如图 10-154 所示，双击鼠标插入字形，效果如图 10-155 所示。用相同的方法在适当的位置插入其他字形，效果如图 10-156 所示。

图 10-153　　　　　　　　　　图 10-154

图 10-155　　　　　　　　　　图 10-156

步骤 18 用相同的方法输入并编辑文字，效果如图 10-157 所示。选择"矩形"工具 ，在适当的位置绘制一个矩形，设置填充色为黑色，并将描边色设为无，效果如图 10-158 所示。选择"文字"工具 T，在适当的位置输入需要的白色文字。选择"选择"工具 ，在属性栏中选择合适的字体并设置适当的文字大小，效果如图 10-159 所示。

图 10-157　　　　　　　　　　图 10-158

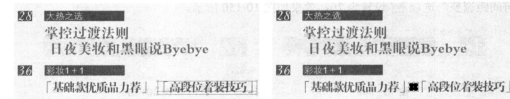

图 10-159

步骤 19 选择"文字"工具 T，在适当的位置输入需要的文字。选择"选择"工具 ，在属性栏中选择合适的字体并设置适当的文字大小。设置文字填充色为洋红色（其 C、M、Y、K 的值分别为 0、89、15、0），填充文字，效果如图 10-160 所示。选择"文字"工具 T，在适当的位置输入需要的文字。选择"选择"工具 ▶ ，在属性栏中选择合适的字体并设置文字大小，效果如图 10-161 所示。

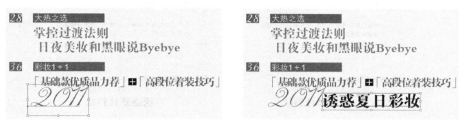

图 10-160　　　　　　　　　　　　　　　　图 10-161

步骤 20　选择"文字"工具 T ，在页面中输入需要的文字。单击"字符样式"控制面板中的"页数"样式，文字效果如图 10-162 所示。使用相同的方法，输入需要的文字，并在"字符样式"控制面板中选择对应的字符样式，文字效果如图 10-163 所示。

图 10-162　　　　　　　　　　　　　　图 10-163

步骤 21　选择"选择"工具 ▶ ，按住<Shift>键的同时，单击需要的文字将其同时选取，在"对齐"控制面板中单击"水平右对齐"按钮 ▤ ，如图 10-164 所示，效果如图 10-165 所示。用相同的方法将其他文字左对齐，效果如图 10-166 所示。

图 10-164　　　　　　　　图 10-165　　　　　　　　图 10-166

5. 绘制装饰图形

步骤 1　选择"直线段"工具 ╲ ，按住<Shift>键的同时，在适当的位置绘制一条直线，如图 10-167 所示。在属性栏中将"描边粗细"选项设为 0.25，并设置描边色为蓝色（其 C、M、Y、K 的值分别为 100、50、0、0），填充描边，取消直线的选取状态，效果如图 10-168 所示。

图 10-167　　　　　　　　　　图 10-168

步骤 2 选择"椭圆"工具 ◯，按住<Shift>键的同时，在页面的适当位置绘制一个椭圆形，设置填充色为无，并在属性栏中将"描边粗细"选项设为 0.25，效果如图 10-169 所示。按住<Shift>+<Alt>组合键的同时，以圆形的中心点为中心再绘制一个圆形，设置填充色为黑色，并设置描边色为无，效果如图 10-170 所示。

图 10-169　　　　　　　　　　　　　图 10-170

步骤 3 选择"直线段"工具 ＼，按住<Shift>键的同时，在适当的位置绘制一条直线。在属性栏中将"描边粗细"选项设为 0.25，效果如图 10-171 所示。用相同的方法，再绘制一条直线，如图 10-172 所示。选择"选择"工具 ▶，用圈选的方法，将需要的图形同时选取，如图 10-173 所示。按<Ctrl>+<G>组合键，将所选图形编组，如图 10-174 所示。

图 10-171　　　　图 10-172　　　　图 10-173　　　　图 10-174

步骤 4 选择"选择"工具 ▶，按住<Alt>+<Shift>组合键的同时，垂直向下拖曳图形到适当的位置，复制图形，如图 10-175 所示。用相同的方法，复制出多个图形，效果如图 10-176 所示。选取需要的图形，按<Ctrl>+<G>组合键，将其编组，如图 10-177 所示。

步骤 5 使用相同的方法绘制其余图形，并将其编组，效果如图 10-178 所示。

图 10-175　　　　图 10-176　　　　　　　图 10-177　　　　　　　图 10-178

6. 添加并编辑图片

步骤 1 选择"文件 > 置入"命令，弹出"置入"对话框，选择光盘中的"Ch10 > 素材 > 杂志目录设计 > 02"文件，单击"置入"按钮，将图片置入到页面中。在属性栏中单击"嵌入"按钮，嵌入图片。选择"选择"工具，拖曳图片到适当的位置，如图 10-179 所示。

图 10-179

步骤 2 双击"镜像"工具，弹出"镜像"对话框，选项的设置如图 10-180 所示，单击"复制"按钮，效果如图 10-181 所示。选择"选择"工具，拖曳复制的图片到适当的位置，如图 10-182 所示。按<Ctrl>+<[>组合键，将复制的图片放置在原图片的下方，如图 10-183 所示。

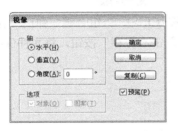

图 10-180

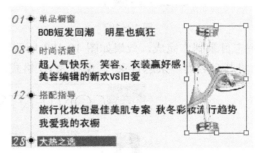

图 10-181

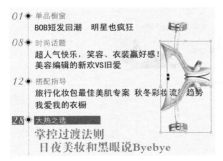

图 10-182

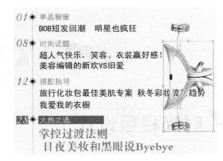

图 10-183

步骤 3 选择"窗口 > 透明度"命令，弹出"透明度"控制面板，单击右上方的图标，在弹出的下拉菜单中选择"建立不透明蒙版"命令，取消"剪切"复选框的勾选，并单击"编辑不透明蒙版"缩览图，如图 10-184 所示。

步骤 **4** 选择"矩形"工具 ，在镜像的图片上绘制一个矩形。双击"渐变"工具 ，弹出"渐变"控制面板，将渐变色设为从白色到黑色，其他选项的设置如图 10-185 所示，在矩形上由上至下拖曳渐变，建立半透明效果，如图 10-186 所示。在"透明度"控制面板中，单击"停止编辑不透明蒙版"缩览图，如图 10-187 所示，效果如图 10-188 所示。

图 10-184

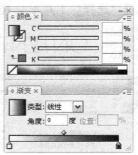

图 10-185

图 10-186

图 10-187

图 10-188

步骤 **5** 杂志目录制作完成，效果如图 10-189 所示。按<Ctrl>+<S>组合键，弹出"存储为"对话框，将其命名为"杂志目录"，保存为 AI 格式，单击"保存"按钮，将文件保存。

图 10-189

10.3 时尚栏目设计

10.3.1 【案例分析】

时尚栏目主要是为现代时尚女性设计的专业栏目，栏目的宗旨是让女性更加美丽迷人，展示出属于自己的无限风情。主要介绍的内容有手提包、珠宝等。在设计上要求抓住栏目的特色，营造出时尚感。

10.3.2　【设计理念】

　　文字的大小变化突出栏目标题，给读者轻松明快的感觉。通过文字与图片的排列区分页面，突出各自的特点，使页面活而不散。蓝黑色的背景和白色的星形营造出浪漫的氛围，与宣传的主题相呼应。文字的设计充满艺术性，使人印象深刻。（最终效果参看光盘中的"Ch10 > 效果 > 时尚栏目设计 > 时尚栏目"，如图 10-190 所示。）

图 10-190

10.3.3　【操作步骤】

Photoshop 应用

1.　制作背景效果

步骤 1　按<Ctrl>+<N>组合键，新建一个文件：宽度为 21cm，高度为 29.7cm，分辨率为 300 像素/英寸，颜色模式为 RGB，背景内容为白色。

步骤 2　选择"渐变"工具 ，单击属性栏中的"点按可编辑渐变"按钮 ，弹出"渐变编辑器"对话框，将渐变色设为从浅蓝色（其 R、G、B 的值分别为 35、79、168）到深蓝色（其 R、G、B 的值分别为 17、26、61），如图 10-191 所示，单击"确定"按钮。单击属性栏中的"径向渐变"按钮 ，在图像窗口中由内向外拖曳渐变，效果如图 10-192 所示。

图 10-191

图 10-192

步骤 3　在"图层"控制面板中单击"创建新图层"按钮 ，生成新的图层并将其命名为"装饰圆"。选择"椭圆选框"工具 ，按住<Shift>键的同时，在图像窗口的下方绘制一个圆形选区，如图 10-193 所示。按<Ctrl>+<Alt>+<D>组合键，弹出"羽化选区"对话框，选项的设置如图 10-194 所示，单击"确定"按钮，羽化选区。将前景色设为蓝色（其 R、G、B 的值分别为 0、230、221），按<Alt>+<Delete>组合键，用前景色填充选区，按<Ctrl>+<D>组合键，取消选区，效果如图 10-195 所示。

| 图 10-193 | 图 10-194 | 图 10-195 |

2. 添加自定义画笔

步骤 1 按<Ctrl>+<N>组合键，新建一个文件：宽度为 21cm，高度为 29.7cm，分辨率为 300 像素/英寸，颜色模式为 RGB，背景内容为白色。

步骤 2 单击"图层"控制面板下方的"创建新图层"按钮 ⬛ ，生成新的图层并将其命名为"圆"。选择"画笔"工具 ✐ ，单击属性栏中的"画笔预设"按钮 ⬝，弹出画笔预设选择面板，在面板中选择需要的画笔形状，其他选项的设置如图 10-196 所示。在图像窗口中单击鼠标绘制图形，效果如图 10-197 所示。

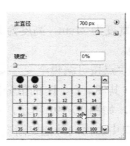

| 图 10-196 | 图 10-197 |

步骤 3 新建图层并将其命名为"发光条"。选择"钢笔"工具 ✎ ，在图像窗口中绘制路径，如图 10-198 所示。按<Ctrl>+<Enter>组合键，将路径转换为选区，按<Ctrl>+<Alt>+<D>组合键，弹出"羽化选区"对话框，选项的设置如图 10-199 所示，单击"确定"按钮，羽化选区。将前景色设为黑色，按<Alt>+<Delete>组合键，用前景色填充选区，按<Ctrl>+<D>组合键，取消选区，效果如图 10-200 所示。

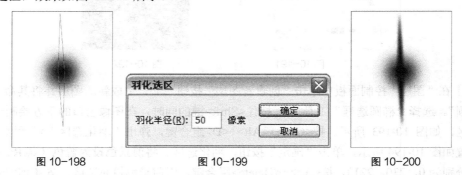

| 图 10-198 | 图 10-199 | 图 10-200 |

步骤 4 按<Ctrl>+<T>组合键，图形周围出现变换框，拖曳变换框的控制手柄调整图形大小，按

<Enter>键，确认操作，效果如图 10-201 所示。按<Ctrl>+<J>组合键，复制图形，图层面板如图 10-202 所示。按<Ctrl>+<T>组合键，图形周围出现变换框，在属性栏中将"旋转"选项 ◢ 设为 90，按<Enter>键，效果如图 10-203 所示。

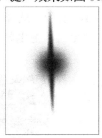  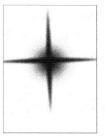

图 10-201　　　　　　　图 10-202　　　　　　　图 10-203

步骤 5 按<Ctrl>+<E>组合键，将"发光条 副本"图层和"发光条"图层合并，如图 10-204 所示。按<Ctrl>+<J>组合键，复制"发光条 副本"图层，按<Ctrl>+<T>组合键，图形周围出现变换框，拖曳控制手柄调整其大小和角度，按<Enter>键，确认操作，效果如图 10-205 所示。按<Ctrl>+<E>组合，将"发光条 副本 2"图层和"发光条 副本"图层合并。按<Ctrl>+<T>组合键，在图形周围出现在控制手柄，拖曳鼠标调整图形的大小和角度，按<Enter>键，确认操作，效果如图 10-206 所示。

图 10-204　　　　　　　图 10-205　　　　　　　图 10-206

步骤 6 单击"背景"图层左边的眼睛图标 👁，隐藏"背景"图层。选择"矩形选框"工具 ⬚，在图像窗口中绘制一个矩形选区，如图 10-207 所示。选择"编辑 > 定义画笔预设"命令，在弹出的"画笔名称"对话框进行设置，如图 10-208 所示，单击"确定"按钮，定义画笔。将定义画笔的图像窗口关闭。

 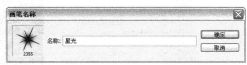

图 10-207　　　　　　　　　　　图 10-208

3. 添加装饰图形

步骤 1 选择正在编辑的图像，新建图层并将其命令为"星光"。将前景色设置为淡黄色（其 R、

G、B 的值分别为 244、243、194)。选择"画笔"工具，单击属性栏中的"切换画笔调板"按钮，弹出"画笔"控制面板，选择"画笔笔尖形状"选项，弹出"画笔笔尖形状"面板，选择自定义的"星光"画笔形状，其他选项的设置如图 10-209 所示。选择"形状动态"选项，在弹出的"形状动态"面板中进行设置，如图 10-210 所示。选择"散布"选项，在弹出的"散布"面板中进行设置，如图 10-211 所示。在图像窗口中拖曳鼠标绘制图形，效果如图 10-212 所示。

图 10-209　　　　　　图 10-210　　　　　　图 10-211　　　　　　图 10-212

步骤 2 将前景色设置为白色。选择"画笔"工具，在"画笔"控制面板中选择"画笔笔尖形状"选项，弹出"画笔笔尖形状"面板，选择自定义的"星光"画笔形状，其他选项设置如图 10-213 所示。选择"形状动态"选项，在弹出的"形状动态"面板中进行设置，如图 10-214 所示。选择"散布"选项，在弹出的"散布"面板中进行设置，如图 10-215 所示。选择"其它动态"选项，在弹出的"其它动态"面板中进行设置，如图 10-216 所示。在图像窗口中拖曳鼠标绘制图形，效果如图 10-217 所示。

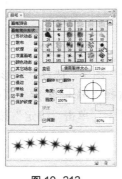  

图 10-213　　　　　　图 10-214　　　　　　图 10-215

图 10-216　　　　　　图 10-217

步骤 3 选择"横排文字"工具 T.，在属性栏中选择合适的字体并设置文字大小，输入需要的白色文字，如图 10-218 所示。在"图层"控制面板中生成新的文字图层。

步骤 4 按<Ctrl>+<O>组合键，打开光盘中的"Ch10 > 素材 > 时尚栏目设计 > 01"文件，选择"移动"工具 ，将图像拖曳到图像窗口中，在"图层"控制面板中生成新的图层并将其命名为"文字"。按<Ctrl>+<T>组合键，在图像周围出现在控制手柄，拖曳鼠标调整图像的大小，按<Enter>键，确认操作，效果如图 10-219 所示。

步骤 5 按<Shift>+<Ctrl>+<E>组合键，合并可见图层。时尚栏目右底图制作完成，效果如图 10-220 所示。按<Ctrl>+<S>组合键，弹出"存储为"对话框，将其命名为"栏目右底图"，保存为 TIFF 格式，单击"保存"按钮，弹出"TIFF 选项"对话框，单击"确定"按钮，将图像保存。

| 图 10-218 | 图 10-219 | 图 10-220 |

Illustrator 应用

4. 添加并编辑图片

步骤 1 打开 Illustrator CS3 软件，按<Ctrl>+<N>组合键，弹出"新建文档"对话框，单击"横向"按钮 ，显示为横向页面，其他选项的设置如图 10-221 所示，单击"确定"按钮，新建一个文档。按<Ctrl>+<R>组合键，显示标尺。选择"选择"工具 ，在垂直标尺上拖曳一条垂直参考线。选择"窗口 > 变换"命令，弹出"变换"面板，在面板中将"X"值设为 210mm，如图 10-222 所示，按<Enter>键，效果如图 10-223 所示。

步骤 2 选择"文件 > 置入"命令，弹出"置入"对话框，选择光盘中的"Ch10 > 效果 > 时尚栏目设计 > 栏目右底图"文件，单击"置入"按钮，将图片置入到页面中。在属性栏中单击"嵌入"按钮，嵌入图片。选择"选择"工具 ，拖曳图片到适当的位置，效果如图 10-224 所示。

| 图 10-221 | 图 10-222 |

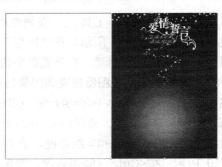

图 10-223　　　　　　　　　　　　图 10-224

步骤 **3** 选择"文件 > 置入"命令，弹出"置入"对话框，选择光盘中的"Ch10 > 素材 > 时尚栏目设计 > 07"文件，单击"置入"按钮，将图片置入到页面中。在属性栏中单击"嵌入"按钮，嵌入图片。

步骤 **4** 选择"效果 > 风格化 > 投影"命令，弹出"投影"对话框，选项的设置如图 10-225 所示。单击"确定"按钮，效果如图 10-226 所示。选择"选择"工具，拖曳图片到适当的位置并调整其大小，效果如图 10-227 所示。

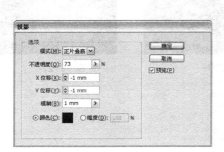

图 10-225　　　　　　　　　图 10-226　　　　　　　图 10-227

步骤 **5** 选择"文件 > 置入"命令，弹出"置入"对话框，选择光盘中的"Ch10 > 素材 > 时尚栏目 > 06"文件，单击"置入"按钮，将图片置入到页面中。在属性栏中单击"嵌入"按钮，嵌入图片。选择"选择"工具，拖曳图片到适当的位置并调整其大小，效果如图 10-228 所示。单击"镜像"工具，图像周围出现控制柄，拖曳图像的中心点到适当位置，如图 10-229 所示，松开鼠标左键，弹出"镜像"对话框，选项的设置如图 10-230 所示，单击"复制"按钮，效果如图 10-231 所示。

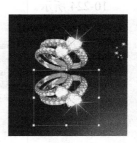

图 10-228　　　　　　图 10-229　　　　　　　图 10-230　　　　　　　图 10-231

步骤 **6** 选择"窗口 > 透明度"命令,弹出"透明度"控制面板,单击右上方的图标 ▾≡,在弹出的下拉菜单中选择"建立不透明蒙版"命令,取消"剪切"复选框的勾选,并单击"编辑不透明蒙版"缩览图,如图 10-232 所示。

步骤 **7** 选择"矩形"工具 ▢,在复制的图片上绘制一个矩形。双击"渐变"工具 ▢,弹出"渐变"控制面板,将渐变色设为从白色到黑色,其他选项的设置如图 10-233 所示,在矩形上由上至下拖曳渐变,建立半透明效果,如图 10-234 所示。在"透明度"控制面板中,单击"停止编辑不透明蒙版"缩览图,如图 10-235 所示,效果如图 10-236 所示。

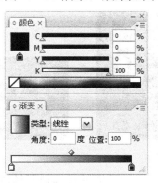

图 10-232　　　　　　　　　图 10-233　　　　　　　　　图 10-234

图 10-235　　　　　　　　　图 10-236

步骤 **8** 选择"文件 > 置入"命令,弹出"置入"对话框,选择光盘中的"Ch10 > 素材 > 时尚栏目设计 > 05"文件,单击"置入"按钮,将图片置入到页面中。在属性栏中单击"嵌入"按钮,嵌入图片。选择"选择"工具 ▸,拖曳图片到适当的位置并调整其大小,效果如图 10-237 所示。选择"效果 > 风格化 > 投影"命令,弹出"投影"对话框,选项的设置如图 10-238 所示,单击"确定"按钮,效果如图 10-239 所示。

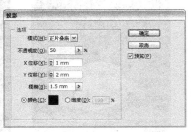

图 10-237　　　　　　　　　图 10-238　　　　　　　　　图 10-239

5. 添加说明性文字

步骤 1 选择"文字"工具 **T**，分别在页面的适当位置输入需要的白色文字。选择"选择"工具 **➤**，在属性栏中选择合适的字体并设置文字大小，效果如图 10-240 所示。选择"文字"工具 **T**，在页面中输入需要的白色文字。选择"选择"工具 **➤**，在属性栏中选择合适的字体并设置文字大小，并在"字符"控制面板中将"设置行距"选项 **▲** 设置为 25，文字效果如图 10-241 所示。

图 10-240   图 10-241

步骤 2 选择"钢笔"工具 **✒**，在页面的适当位置绘制一个箭头，如图 10-242 所示。选择"选择"工具 **➤**，按住<Shift>键的同时，单击线条，将线条和箭头同时选取，按<Ctrl>+<G>组合键，将其编组，如图 10-243 所示。设置描边色为红色（其 C、M、Y、K 的值分别为 0、90、100、0），填充描边，并在属性栏中将"描边粗细"选项设为 1.5，效果如图 10-244 所示。

图 10-242   图 10-243   图 10-244

步骤 3 选择"效果 > 风格化 > 投影"命令，弹出"投影"对话框，选项的设置如图 10-245 所示，单击"确定"按钮，效果如图 10-246 所示。用相同的方法绘制其余箭头图形，并为箭头图形添加投影效果，如图 10-247 所示。

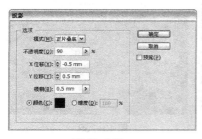

图 10-245   图 10-246   图 10-247

步骤 4 选择"椭圆"工具 ◯，按住<Shift>键的同时，在适当的位置绘制一个圆形，设置填充色为土黄色（其 C、M、Y、K 的值分别为 16、31、52、5），填充图形，并设置描边色为无，效果如图 10-248 所示。在属性栏中将"不透明度"选项设为 80%，效果如图 10-249 所示。

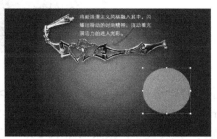

图 10-248　　　　　　　　　图 10-249

步骤 5 选择"选择"工具 ▶，选中刚绘制的圆形，按住<Alt>键的同时，向下拖曳圆形到适当的位置，复制圆形，设置填充色为无，并设置描边色为棕色（其 C、M、Y、K 的值分别为 21、65、100、11），填充描边。在属性栏中将"描边粗细"选项设为 1.5，效果如图 10-250 所示。用相同的方法再复制出一个图形，设置描边色为黄色（其 C、M、Y、K 的分别值 0、44、93、10），填充描边。在属性栏中将"描边粗细"选项设为 1，效果如图 10-251 所示。

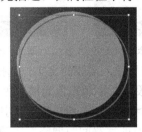
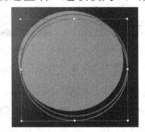

图 10-250　　　　　　　　　图 10-251

步骤 6 选择"文字"工具 T，在绘制的圆形上输入需要的文字。选择"选择"工具 ▶，在属性栏中选择合适的字体并设置文字大小。在"字符"控制面板中将"设置行距"选项 设置为 30，文字效果如图 10-252 所示。选择"文字"工具 T，在适当的位置单击插入光标，如图 10-253 所示。选择"文字 > 字形"命令，在弹出的"字形"面板中进行设置，选中需要的字形，如图 10-254 所示，双击鼠标插入字形，效果如图 10-255 所示。用相同的方法在适当的位置插入其余字形，效果如图 10-256 所示。

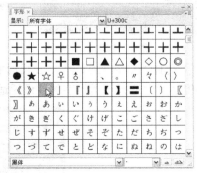

图 10-252　　　　　　图 10-253　　　　　　图 10-254

图 10-255　　　　　　　　　图 10-256

步骤 7　选择"选择"工具 ↖，按住<Shift>键的同时，单击文字和字形，将其同时选中，按<Ctrl>+<G>组合键，将其编组，如图 10-257 所示。选择"旋转"工具 ⟳，拖曳鼠标到适当的位置，旋转文字，效果如图 10-258 所示。选择"选择"工具 ↖，按住<Shift>键的同时，单击文字和文字下方的圆形，将其同时选中，按<Ctrl>+<G>组合键，将其编组，如图 10-259 所示。

图 10-257　　　　　　　　图 10-258　　　　　　　　图 10-259

步骤 8　选择"文字"工具 T，在页面的适当位置输入需要的文字。选择"选择"工具 ↖，在属性栏中选择合适的字体并设置文字大小。设置文字填充色为橘黄色（其 C、M、Y、K 的值分别为 0、62、96、0），填充文字。按<Ctrl>+<T>组合键，弹出"字符"控制面板，将"设置行距"选项 ⚏ 设置为 48，将"设置所选字符的字符间距调整"选项 ⚏ 设置为-30，文字效果如图 10-260 所示。按<Ctrl>+<Shift>+<O>组合键，将文字转换为轮廓，在"描边"控制面板中，单击"对齐描边"选项组合中的"使描边外侧对齐"按钮 ▢，其他选项的设置如图 10-261 所示，文字效果如图 10-262 所示。

图 10-260　　　　　　　　图 10-261　　　　　　　　图 10-262

步骤 9　选择"文字"工具 T，在页面的适当位置输入需要的白色文字。选择"选择"工具 ↖，在属性栏中选择合适的字体并设置适当的文字大小，效果如图 10-263 所示。

图 10-263

6. 添加图片及文字

步骤 1 选择"文件 > 置入"命令,弹出"置入"对话框,选择光盘中的"Ch10 > 素材 > 时尚栏目设计 > 02"文件,单击"置入"按钮,将图片置入到页面中。在属性栏中单击"嵌入"按钮,嵌入图片。选择"选择"工具 ,拖曳图片到适当的位置并调整其大小,效果如图 10-264 所示。选择"文件 > 置入"命令,弹出"置入"对话框,分别选择光盘中的"Ch10 > 素材 > 时尚栏目设计 > 03、04、08"文件,单击"确定"按钮,在页面中分别置入图片。在属性栏中单击"嵌入"按钮,嵌入图片。选择"选择"工具 ,分别拖曳图片到适当的位置并调整其大小,效果如图 10-265 所示。

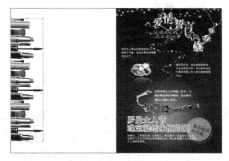

图 10-264

图 10-265

步骤 2 选择"选择"工具 ,选择页面右下方的编组图形,如图 10-266 所示。按住<Alt>键的同时,向页面的左上方拖曳编组图形,复制图形并调整其大小,效果如图 10-267 所示。连续按<Ctrl>+<Shift>+<G>组合键,将其解组。

图 10-266

图 10-267

步骤 3 选择"文字"工具 ,选择需要修改的文字,如图 10-268 所示,输入需要的文字,效果如图 10-269 所示。选择"选择"工具 ,用圈选的方法,将圆形和文字同时选取,按<Ctrl>+<G>组合键,将其编组,效果如图 10-270 所示。

图 10-268

图 10-269

图 10-270

步骤 4 选择"文字"工具 T，在页面的适当位置输入需要的文字。选择"选择"工具，在属性栏中选择合适的字体并设置文字大小。在"字符"控制面板中，将"设置所选字符的字符间距调整"选项设置为-40，文字效果如图 10-271 所示。选择"文字"工具 T，在页面中适当的位置输入需要的文字。选择"选择"工具，在属性栏中选择合适的字体并设置文字大小，效果如图 10-272 所示。

图 10-271

图 10-272

步骤 5 选择"文字"工具 T，分别在页面的适当位置输入需要的文字。选择"选择"工具，在属性栏中选择合适的字体并设置文字大小，文字效果如图 10-273 所示。选择"文字"工具 T，在页面中输入需要的文字。选择"选择"工具，在属性栏中选择合适的字体并设置文字大小。设置文字填充色为红色（其 C、M、Y、K 的值分别为 0、88、0、100），填充文字，效果如图 10-274 所示。

图 10-273

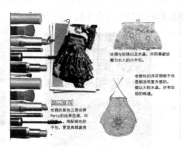
图 10-274

步骤 6 选择"选择"工具，选中需要的图片，按<Ctrl>+<Shift>+<]>组合键，将其放置在文字的上方，效果如图 10-275 所示。选择"对象 > 文本绕排 > 建立"命令，建立文本绕排效果，如图 10-276 所示。

图 10-275

图 10-276

步骤 7 选择"选择"工具 ，选中页面右侧的箭头图形，如图 10-277 所示，按住<Alt>键的同时，拖曳箭头图形到适当位置，复制图形，效果如图 10-278 所示。

图 10-277

图 10-278

步骤 8 用相同的方法再复制出一个箭头图形并调整其位置，效果如图 10-279 所示。双击"镜像"工具 ，弹出"镜像"对话框，选项的设置如图 10-280 所示，单击"确定"按钮，效果如图 10-281 所示。选择"旋转"工具 ，调整箭头图形的角度，效果如图 10-282 所示。

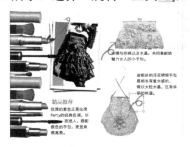

图 10-279

图 10-280

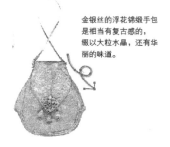

图 10-281

图 10-282

步骤 9 选择"视图 > 参考线 > 隐藏参考线"命令，将参考线隐藏，时尚栏目制作完成，效果如图 10-283 所示。按<Ctrl>+<S>组合键，弹出"存储为"对话框，将其命名为"时尚栏目"，保存为 AI 格式，单击"保存"按钮，将文件保存。

图 10-283

10.4 综合演练——美食栏目设计

在 Illustrator 中，使用矩形工具和渐变工具制作栏目背景效果。使用椭圆工具和矩形工具绘制装饰图形。使用置入命令和剪贴蒙版命令制作图片效果。使用文字工具添加标题和内容文字。（最终效果参看光盘中的"Ch10> 效果 > 美食栏目设计 > 美食栏目"，如图 10-284 所示。）

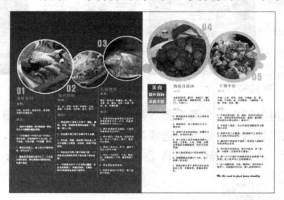

图 10-284

第11章 包装设计

包装代表着一个商品的品牌形象。好的包装可以使商品在同类产品中脱颖而出,吸引消费者的注意力并引发其购买行为。包装可以起到保护、美化商品及传达商品信息的作用。好的包装更可以极大地提高商品的价值。本章以茶叶包装为例,讲解包装的设计方法和制作技巧。

 课堂学习目标

- 在 Photoshop 软件中制作茶叶包装的平面图 1 和展示效果
- 在 Illustrator 软件中制作茶叶包装的结构图和平面图 2

11.1 茶叶包装设计

11.1.1 【案例分析】

绿茶是我国的主要茶类,名品较多,如西湖龙井、峨眉雪芽、黄山毛峰等,具有"清汤绿叶、滋味收敛性强"的特点,对防衰老、抗癌、杀菌等有特殊的效果。本例是为茶叶公司设计制作茶品包装,在设计上要体现出健康滋补和温和亲近的印象。

11.1.2 【设计理念】

茶色到黄色的渐变给人一种充分的自然感和包容感,使人身心愉悦。背景图片的添加展示出茶文化的源远流长,使人产生信赖感。大片的绿叶展示出茶的特色,为包装增添了生机和活力。文字的运用简洁大方,主题突出。(最终效果参看光盘中的"Ch11 > 效果 > 茶叶包装设计 > 茶叶包装",如图 11-1 所示。)

图 11-1

11.1.3 【操作步骤】

Illustrator 应用

1. 添加参考线

步骤 **1** 打开 Illustrator CS3 软件，按<Ctrl>+<N>组合键，弹出"新建文档"对话框，选项的设置如图 11-2 所示，单击"确定"按钮，新建一个文档。

步骤 **2** 按<Ctrl>+<R>组合键，显示标尺。选择"选择"工具 ，在页面中拖曳一条水平参考线，选择"窗口 > 变换"命令，弹出"变换"面板，将"Y"值设为 240 mm，如图 11-3 所示，按<Enter>键，确认操作，效果如图 11-4 所示。

图 11-2　　　　　　　　　　图 11-3　　　　　　　　　　图 11-4

步骤 **3** 选择"选择"工具 ，在页面中拖曳一条水平参考线，并在"变换"面板中将"Y"值设为 150 mm，按<Enter>键，确认操作，效果如图 11-5 所示。用相同的方法再次拖曳两条水平参考线，并在"变换"面板中将"Y"值设为 120mm、30mm，按<Enter>键，确认操作，效果如图 11-6 所示。

图 11-5　　　　　　　　　　　　图 11-6

步骤 **4** 选择"选择"工具 ，在页面中拖曳一条垂直参考线，并在"变换"面板中将"X"值设为 15 mm，如图 11-7 所示，按<Enter>键，确认操作，效果如图 11-8 所示。用相同的方法再次拖曳 5 条垂直参考线，并在"变换"面板中将"X"值分别设为 20mm、45mm、185mm、210mm、215mm，效果如图 11-9 所示。

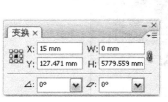

图 11-7　　　　　　　　　　图 11-8　　　　　　　　　　图 11-9

2. 制作包装结构图

步骤 1 选择"矩形"工具 ▭，绘制一个矩形，效果如图 11-10 所示。选择"添加锚点"工具 ✑，在矩形的左侧单击添加节点，如图 11-11 所示。选择"直接选择"工具 ▸，选中矩形左上方的节点，将其拖曳到适当的位置，效果如图 11-12 所示。用相同的方法在矩形的右侧添加节点并选中右上方的节点将其拖曳到适当的位置，效果如图 11-13 所示。

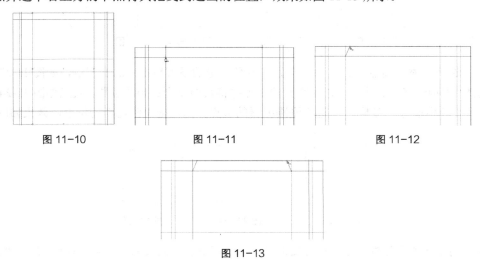

图 11-10　　　　　　　图 11-11　　　　　　　图 11-12

图 11-13

步骤 2 选择"圆角矩形"工具 ▢，在页面中单击，弹出"圆角矩形"对话框，选项的设置如图 11-14 所示，单击"确定"按钮，得到一个圆角矩形。选择"选择"工具 ▸，选中圆角矩形，将其拖曳到适当的位置，效果如图 11-15 所示。按住<Alt>键的同时，拖曳圆角矩形到适当的位置，复制一个圆角矩形，效果如图 11-16 所示。

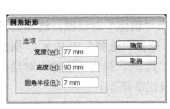

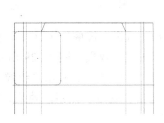
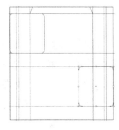

图 11-14　　　　　　　图 11-15　　　　　　　图 11-16

步骤 3 选择"圆角矩形"工具 ▢，在页面中单击，弹出"圆角矩形"对话框，选项的设置如图 11-17 所示，单击"确定"按钮，得到一个圆角矩形。选择"选择"工具 ▸，选中圆角矩形，将其拖曳到适当的位置，效果如图 11-18 所示。

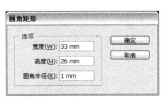
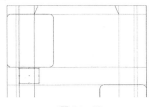

图 11-17　　　　　　　图 11-18

步骤 4 选择"添加锚点"工具 ，在圆角矩形的上方单击添加节点，如图 11-19 所示。用相同的方法再在适当的位置添加节点，效果如图 11-20 所示。选择"直接选择"工具 ，选中需要的节点，将其拖曳到适当的位置，如图 11-21 所示。用相同的方法再次选中需要的节点并将其拖曳到适当的位置，效果如图 11-22 所示。

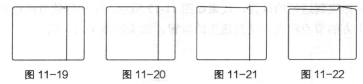

图 11-19   图 11-20   图 11-21   图 11-22

步骤 5 选择"添加锚点"工具 ，分别在圆角矩形的下方单击，添加节点，如图 11-23 所示。选择"直接选择"工具 ，选中需要的节点并将其拖曳到适当的位置，效果如图 11-24 所示。选择"转换锚点"工具 ，选中刚刚编辑的节点并向左拖曳到适当的位置，效果如图 11-25 所示。

图 11-23   图 11-24   图 11-25

步骤 6 用上述所介绍的方法选中需要的节点并进行编辑，效果如图 11-26 所示。选择"直接选择"工具 ，选中需要的节点并将其拖曳到适当的位置，效果如图 11-27 所示。

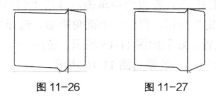

图 11-26   图 11-27

步骤 7 选择"选择"工具 ，双击"镜像"工具 ，弹出"镜像"对话框，选项的设置如图 11-28 所示，单击"复制"按钮，效果如图 11-29 所示。选择"选择"工具 ，拖曳镜像图形到适当的位置，效果如图 11-30 所示。双击"镜像"工具 ，弹出"镜像"对话框，选项的设置如图 11-31 所示，单击"确定"按钮，效果如图 11-32 所示。

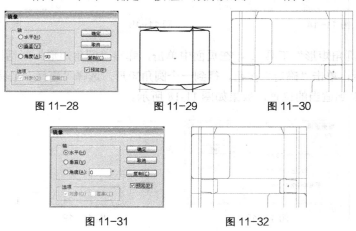

图 11-28   图 11-29   图 11-30

图 11-31   图 11-32

步骤 8　选择"选择"工具 ▶，按住<Shift>键的同时，单击需要的图形将其同时选取，按住<Alt>+<Shift>组合键的同时，垂直向下拖曳图形到适当的位置，复制一个图形，如图 11-33 所示。双击"镜像"工具 ⚖，弹出"镜像"对话框，选项的设置如图 11-34 所示，单击"确定"按钮，效果如图 11-35 所示。

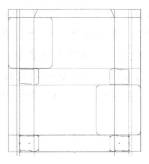

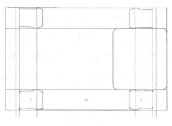

图 11-33　　　　　　　　　　图 11-34　　　　　　　　　　图 11-35

步骤 9　按<Ctrl>+<；>组合键，隐藏参考线。选择"选择"工具 ▶，用圈选的方法将所绘制的图形同时选取，如图 11-36 所示。选择"窗口 > 路径查找器"命令，弹出"路径查找器"控制面板，单击"与形状区域相加"按钮 ▣，如图 11-37 所示，生成新的对象。再单击"扩展"按钮 **扩展**，效果如图 11-38 所示。

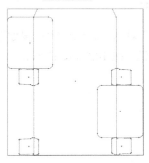
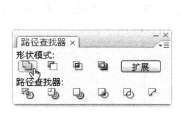
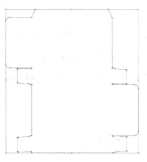

图 11-36　　　　　　　　　　图 11-37　　　　　　　　　　图 11-38

步骤 10　选择"文件 > 导出"命令，弹出"导出"对话框，将其命名为"茶叶包装结构图"，保存为 PSD 格式，单击"保存"按钮，弹出"Photoshop 导出选项"对话框，选项的设置如图 11-39 所示，单击"确定"按钮，导出图形。

图 11-39

Photoshop **应用**

3. 添加并编辑图片

步骤 1 打开 Photoshop CS3 软件，按<Ctrl>+<N>组合键，新建一个文件：宽度为 23cm，高度为 25.5cm，分辨率为 300 像素/英寸，颜色模式为 CMYK，背景内容为白色，单击"确定"按钮。按<Ctrl>+<O>组合键，打开光盘中的"Ch11 > 效果 > 茶叶包装设计 > 茶叶包装结构图"文件，效果如图 11-40 所示。选择"移动"工具 ，拖曳茶叶包装结构图到图像窗口中适当的位置，效果如图 11-41 所示。在"图层"控制面板中成生新的图层并将其命名为"茶叶包装结构图"。

图 11-40   图 11-41

步骤 2 选择"视图 > 新建参考线"命令，弹出"新建参考线"对话框，选项的设置如图 11-42 所示，单击"确定"按钮，效果如图 11-43 所示。用相同的方法，在 10.5cm、13.5cm 和 22.5cm 处新建水平参考线，效果如图 11-44 所示。

  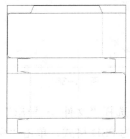

图 11-42   图 11-43   图 11-44

步骤 3 选择"视图 > 新建参考线"命令，弹出"新建参考线"对话框，选项的设置如图 11-45 所示，单击"确定"按钮，效果如图 11-46 所示。用相同的方法，在 2cm、4.5cm、18.5cm 和 21.5cm 处新建垂直参考线，效果如图 11-47 所示。

 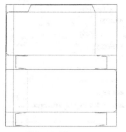 

图 11-45   图 11-46   图 11-47

步骤 4 单击"图层"控制面板下方的"创建新图层"按钮 ，生成新图层并将其命名为"渐变矩形"。选择"矩形选框"工具 ，在图像窗口的上方绘制一个矩形选区，如图 11-48 所示。选择"渐变"工具 ，单击属性栏中的"点按可编辑渐变"按钮 ，弹出"渐变编辑器"对话框，在"位置"选项中分别输入 0、42、84、100 几个位置点，并分别设置这几个位置点颜色的 CMYK 值为 0（46、82、100、14）、42（37、81、100、2）、84（12、28、92、0）、100（5、4、37、0），如图 11-49 所示，单击"确定"按钮。在属性栏中单击"线性渐变"按钮 ，按住<Shift>键的同时，在矩形选区中由上至下拖曳渐变，效果如图 11-50 所示。按<Ctrl>+<D>组合键，取消选区。

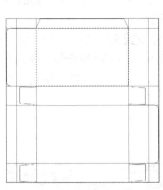

图 11-48　　　　　　图 11-49　　　　　　图 11-50

步骤 5 按<Ctrl>+<O>组合键，打开光盘中的"Ch11 > 素材 > 茶叶包装设计 > 01"文件，选择"移动"工具 ，将图片拖曳到图像窗口中。在"图层"控制面板中生成新的图层并将其命名为"图片"。按<Ctrl>+<T>组合键，在图像周围出现控制手柄，拖曳鼠标调整图像的大小，按<Enter>键，确认操作，效果如图 11-51 所示。按<Ctrl>+<Alt>+<G>组合键，为"图片"图层创建剪贴蒙版，效果如图 11-52 所示。

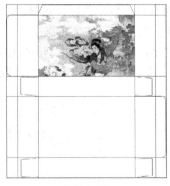

图 11-51　　　　　　图 11-52

步骤 6 在"图层"控制面板的上方将"图片"图层的混合模式设为"叠加"，"不透明度"选项设为 40，效果如图 11-53 所示。按<Ctrl>+<O>组合键，打开光盘中的"Ch11 > 素材 > 茶叶包装设计 > 02"文件，选择"移动"工具 ，将图片拖曳到图像窗口中，效果如图 11-54 所示。在"图层"控制面板中生成新的图层并将其命名为"叶子"。按<Ctrl>+<Alt>+<G>组合键，为"叶子"图层创建剪贴蒙版，效果如图 11-55 所示。

中等职业教育数字艺术类规划教材

图 11-53　　　　　　图 11-54　　　　　　图 11-55

步骤 7 新建图层并将其命名为"形状"。将前景色设为土黄色（其 C、M、Y、K 的值分别为 34、32、78、0）。选择"自定形状"工具，单击属性栏中的"形状"选项，弹出"形状"面板，在"形状"面板中选中图形"画框 7"，如图 11-56 所示。在属性栏中选中"填充像素"按钮，并在图像窗口的右上方绘制图形，效果如图 11-57 所示。

步骤 8 选择"横排文字"工具，在属性栏中选择合适的字体并设置文字大小，输入需要的文字。在"图层"控制面板中生成新的文字图层。选取文字，按<Ctrl>+<T>组合键，弹出"字符"控制面板，将"设置所选字符的字距调整"选项设为 50，按<Enter>键，确认操作，取消文字的选取状态，文字效果如图 11-58 所示。

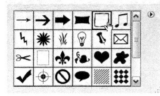  

图 11-56　　　　　　图 11-57　　　　　　图 11-58

4. 制作印章

步骤 1 选择"矩形选框"工具，在图像窗口中绘制一个矩形选区，将前景色设为深红色（其 C、M、Y、K 的值分别为 47、99、100、20），用前景色填充选区，效果如图 11-59 所示。按<Ctrl>+<D>组合键，取消选区。选择"直排文字"工具，在属性栏中选择合适的字体并设置文字大小，然后在深红色矩形中输入需要的文字。在"图层"控制面板中生成新的文字图层。选取文字，在"字符"控制面板中将"设置所选字符的字距调整"选项设为-90，按<Enter>键，确认操作，取消文字的选取状态，文字效果如图 11-60 所示。

图 11-59　　　　　　图 11-60

步骤 2 按住<Ctrl>键的同时，单击"中国茶"图层的缩览图，文字周围生成选区，如图 11-61 所示。选中"矩形"图层，按<Delete>键，删除选区中的内容，单击"中国茶"左边的眼睛图标，将该图层隐藏。按住<Ctrl>键的同时，单击"矩形"图层的缩览图，图形周围生成选区，效果如图 11-62 所示。在"通道"控制面板中新建"Alpha 1"通道，如图 11-63 所示。填充选区为白色，效果如图 11-64 所示。

图 11-61　　　　　图 11-62　　　　　　　图 11-63　　　　　　　　图 11-64

步骤 3 在"图层"控制面板中，按住<Ctrl>键的同时，单击"中国茶"图层的缩览图，文字周围生成选区，如图 11-65 所示。按<Shift>+<Ctrl>+<I>组合键，将选区反选，效果如图 11-66 所示。选择"滤镜 > 画笔描边 > 喷溅"命令，在弹出的对话框中进行设置，如图 11-67 所示，单击"确定"按钮，效果如图 11-68 所示。

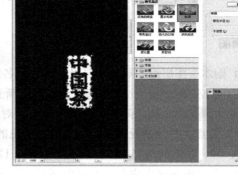

图 11-65　　　　　图 11-66　　　　　　　　　　图 11-67　　　　　　　　　　图 11-68

提 示 只有在"通道"控制面板中使用"喷溅"命令才可以显示明显的喷溅效果。

步骤 4 在"通道"控制面板中，按住<Ctrl>键的同时，单击"Alpha 1"通道的缩览图，文字周围生成选区，如图 11-69 所示。在"图层"控制面板中选中"矩形"图层，按<Shift>+<Ctlr>+<I>组合键，将选区反选，如图 11-70 所示，按<Delete>键，删除选区中的内容，效果如图 11-71 所示。按<Ctrl>+<D>组合键，取消选区。选中"中国茶"图层将其拖曳到控制面板下方的"删除图层"按钮 🗑 上进行删除，效果如图 11-72 所示。

图 11-69　　　　　图 11-70　　　　　图 11-71　　　　　　　图 11-72

步骤 5 新建图层组并将其命名为"正面"。按住<Shift>键的同时，选中"矩形"图层和"渐变矩形"图层之间所有的图层，将其拖曳到"正面"图层组中。在"图层"控制面板中单击"正面"图层组前面的三角形图标，将"正面"图层组中的所有图层隐藏。将"正面"图层拖曳到控制面板下方的"创建新图层"按钮 上进行复制，生成新的图层"正面 副本"，如图 11-73 所示。选择"移动"工具，拖曳复制的图像到适当的位置，效果如图 11-74 所示。

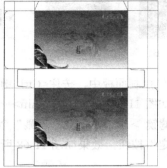

图 11-73　　　　　　　　　图 11-74

5. 制作包装侧面图

步骤 1 选中"正面 副本"图层组。新建图层组并将其命名为"长矩形"。选择"矩形选框"工具，在图像窗口的左侧绘制一个矩形选区。选择"渐变"工具，单击属性栏中的"点按可编辑渐变"按钮，弹出"渐变编辑器"对话框，在"位置"选项中分别输入0、47、100 几个位置点，并分别设置这几个位置点颜色的 CMYK 值为 0（69、35、97、0）、47（71、28、95、0）、100（82、50、100、14），如图 11-75 所示，单击"确定"按钮。按<Shift>键的同时，在矩形选区中由右至左拖曳渐变，效果如图 11-76 所示。

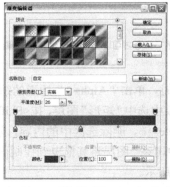

图 11-75　　　　　　　　　图 11-76

步骤 2 按<Ctrl>+<O>组合键，打开光盘中的"Ch11 > 素材 > 茶叶包装设计 > 03"文件，效果如图 11-77 所示。选择"编辑 > 定义图案"命令，在弹出的对话框中进行设置，如图 11-78 所示，单击"确定"按钮。选择正在编辑的图像窗口，单击"图层"控制面板下方的"创建新的填充或调整图层"按钮，在弹出的下拉菜单中选择"图案"命令，并在"图层"控制面板中生成"图案填充 1"图层，弹出"图案填充"对话框，选项的设置如图 11-79 所示，单击"确定"按钮，效果如图 11-80 所示。

图 11-77

图 11-78

图 11-79

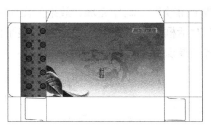

图 11-80

步骤 3 在"图层"控制面板的上方将"图案填充 1"图层的混合模式设为"柔光","不透明度"选项设为 30，效果如图 11-81 所示。按<Ctrl>+<Alt>+<G>组合键，为"图案填充 1"图层创建剪贴蒙版，图层面板如图 11-82 所示。

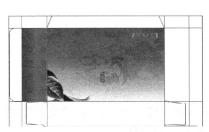

图 11-81

图 11-82

步骤 4 按<Ctrl>+<O>组合键，打开光盘中的"Ch11 > 素材 > 茶叶包装设计 > 04"文件，选择"移动"工具，拖曳素材图片到图像窗口的适当位置。在"图层"控制面板中生成新的图层并将其命名为"图案"。按<Ctrl>+<T>组合键，在图形周围出现控制手柄，调整图形的大小，按<Enter>键，确认操作，效果如图 11-83 所示。在"图层"控制面板的上方将"图案"图层的混合模式设为"叠加"，"不透明度"选项设为 80%，如图 11-84 所示。按<Ctrl>+<Alt>+<G>组合键，为"图案"图层创建剪贴蒙版，效果如图 11-85 所示。

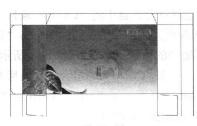

图 11-83

图 11-84

图 11-85

边做边学——Photoshop+Illustrator 综合实训教程

步骤 5 新建图层组并将其命名为"侧面"。按住<Shift>键的同时，选中"图案"图层和"长矩形"图层之间所有的图层，将其拖曳到"侧面"图层组中，如图 11-86 所示。在"图层"控制面板中单击"侧面"图层组前面的三角形图标，将"侧面"图层组中的所有图层隐藏。将"侧面"图层拖曳到控制面板下方的"创建新图层"按钮 ▣ 上进行复制，生成新的图层"侧面 副本"，如图 11-87 所示。选择"移动"工具 ▶₊，拖曳复制的图像到适当的位置，效果如图 11-88 所示。

步骤 6 按<Ctrl>+<；>组合键，隐藏参考线。按<Shift>+<Ctrl>+<E>组合键，合并可见图层。茶叶包装平面效果 1 制作完成，效果如图 11-89 所示。按<Shift>+<Ctrl>+<S>组合键，弹出"存储为"对话框，将其命名为"茶叶包装平面图 1"，保存图像为 TIFF 格式，单击"保存"按钮，将图像保存。

      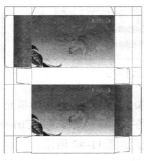   

　　图 11-86　　　　　图 11-87　　　　　图 11-88　　　　　图 11-89

Illustrator 应用

6. 添加名称及介绍性文字

步骤 1 打开 Illustrator CS3 软件，按<Ctrl>+<N>组合键，弹出"新建文档"对话框，选项的设置如图 11-90 所示，单击"确定"按钮，新建一个文档。

图 11-90

步骤 2 选择"文件 > 置入"命令，弹出"置入"对话框，选择打开光盘中的"Ch11 > 素材 > 茶叶包装平面图 1"文件，单击"置入"按钮，将图片置入到页面中。在属性栏中单击"嵌入"按钮，嵌入图片。选择"选择"工具 ▶，拖曳图片到适当的位置，效果如图 11-91 所示。打开光盘中的"Ch11 > 素材 > 茶叶包装设计 > 05"文件，按<Ctrl>+<A>组合键，将所有图形选取，按<Ctrl>+<C>组合键，复制图形。选择正在编辑的页面，按<Ctrl>+<V>组合键，将其粘贴到页面中，拖曳到适当的位置并调整其大小，效果如图 11-92 所示。

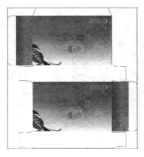

图 11-91　　　　　　　　　　　　　图 11-92

步骤 3　选择"文件 > 置入"命令，弹出"置入"对话框，选择打开光盘中的"Ch11 > 素材 > 茶叶包装设计 > 06"文件，单击"置入"按钮，将图片置入到页面中。在属性栏中单击"嵌入"按钮，嵌入图片。选择"选择"工具 ，拖曳图片到适当的位置并调整其大小，效果如图 11-93 所示。选择"效果 > 风格化 > 投影"命令，在弹出的对话框中进行设置，如图 11-94 所示，单击"确定"按钮，效果如图 11-95 所示。

图 11-93　　　　　　　　　　图 11-94　　　　　　　　　　图 11-95

步骤 4　选择"文字"工具 T ，在页面中输入需要的文字。选择"选择"工具 ，在属性栏中选择合适的字体并设置文字大小，文字的效果如图 11-96 所示。按<Ctrl>+<Shift>+<O>组合键，将文字转换为轮廓，设置文字的描边色为白色。选择"窗口 > 描边"命令，弹出"描边"控制面板，在"对齐描边"选项组中，单击"使描边外侧对齐"按钮 ，其他选项的设置如图 11-97 所示，文字效果如图 11-98 所示。

图 11-96　　　　　　　　　　图 11-97　　　　　　　　　　图 11-98

步骤 5　选择"直排文字"工具 T ，在页面中输入需要的文字。选择"选择"工具 ，在属性栏中选择合适的字体并设置文字大小，文字的效果如图 11-99 所示。选择"椭圆"工具 ，按住<Shift>键的同时，在适当的位置绘制一个圆形，设置填充色为红色（其 C、M、Y、K 的值分别为 0、100、100、32），填充图形，并设置描边色为白色。在属性栏中将"描边粗细"选项设为 1，效果如图 11-100 所示。选择"选择"工具 ，按住<Alt>+<Shift>组合键的同时，垂直向下拖曳图形到适当的位置，复制出一个图形，如图 11-101 所示。连续按<Ctrl>+<D>组合键，复制出多个需要的图形，效果如图 11-102 所示。

图 11-99

图 11-100

图 11-101

图 11-102

步骤 6 选择"选择"工具 ，按住<Shift>键的同时，单击圆形将其同时选取，按<Ctrl>+<G>组合键，将其编组，如图 11-103 所示。选择"直排文字"工具 ，在页面中输入需要的白色文字。选择"选择"工具 ，在属性栏中选择合适的字体并设置文字大小。按<Ctrl>+<T>组合键，弹出"字符"控制面板，将"设置所选字符的字符间距调整"选项 设置为1040，文字效果如图 11-104 所示。

步骤 7 选择"直排文字"工具 ，在页面中输入需要的白色文字。选择"选择"工具 ，在属性栏中选择合适的字体并设置文字大小，文字效果如图 11-105 所示。分别打开光盘中的"Ch11 > 素材 > 茶叶包装设计 > 07、08"文件，分别选取并复制图形。选择正在编辑的页面，按<Ctrl>+<V>组合键，将其分别粘贴到页面中，拖曳到适当的位置并调整其大小，效果如图 11-106 所示。

图 11-103

图 11-104

图 11-105

图 11-106

步骤 8 选择"选择"工具 ，单击需要的图形和文字，将其同时选取，如图 11-107 所示。按住<Alt>+<Shift>组合键的同时，垂直向下拖曳图形到适当的位置，复制图形和文字，效果如图 11-108 所示。

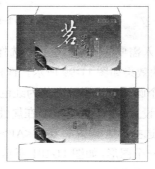
图 11-107

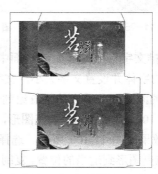
图 11-108

7. 添加侧面信息

步骤 1 选择"矩形"工具 ▢，在适当的位置绘制一个矩形，填充矩形为黑色并设置描边色为无，效果如图 11-109 所示。选择"直线段"工具 ＼，按住<Shift>键的同时，在适当的位置绘制一条直线，并在"描边"控制面板中，将"描边粗细"选项设为 1，效果如图 11-110 所示。选择"选择"工具 ▶，选中直线，按住<Alt>+<Shift>组合键的同时，垂直向下拖曳直线到适当的位置，复制出一条直线，效果如图 11-111 所示。

图 11-109   图 11-110   图 11-111

步骤 2 选择"选择"工具 ▶，选中需要的文字和图形，按住<Alt>键的同时，将其拖曳到黑色矩形上并调整其大小，效果如图 11-112 所示。选中文字"滋"，设置文字填充色为深红色（其C、M、Y、K 的值分别为 0、75、100、36），填充文字，并在"描边"控制面板中将"描边粗细"选项设为 1，效果如图 11-113 所示。选择"文字"工具 T，在黑色矩形上输入需要的白色文字。选择"选择"工具 ▶，在属性栏中选择合适的字体并设置文字大小。在"字符"控制面板中将"设置所选字符的字符间距调整"选项 ꜂ᴠ 设置为 20，文字效果如图 11-114所示。

图 11-112   图 11-113   图 11-114

步骤 3 选择"选择"工具 ▶，按住<Shift>键的同时，单击需要的图形将其同时选取，按<Ctrl>+<G>组合键，将其编组，如图 11-115 所示。按住<Alt>键的同时，拖曳编组图形到适当的位置，复制编组图形，效果如图 11-116 所示。

 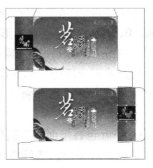

图 11-115   图 11-116

8. 添加说明性文字

步骤 1 选择"矩形"工具 ▣ ，在适当的位置绘制一个矩形，设置填充色为绿色（其 C、M、Y、K 的值分别为 100、0、100、0），填充图形，并设置描边色为无，效果如图 11-117 所示。选择"文字"工具 T ，在页面中输入需要的白色文字。选择"选择"工具 ▸ ，在属性栏中选择合适的字体并设置文字大小。在"字符"控制面板中将"设置行距"选项 ▲ 设置为 11.2，"设置所选字符的字符间距调整"选项 AV 设置为 20，文字效果如图 11-118 所示。

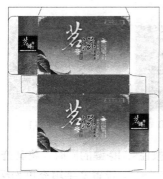

图 11-117   图 11-118

步骤 2 选择"矩形"工具 ▣ ，在适当的位置绘制一个矩形，填充为白色并设置描边色为无，效果如图 11-119 所示。选择"文件 > 置入"命令，弹出"置入"对话框，选择光盘中的"Ch11 > 素材 > 茶叶包装设计 >09"文件，单击"置入"按钮，将图片置入到页面中。在属性栏中单击"嵌入"按钮，嵌入图片。选择"选择"工具 ▸ ，拖曳图片到适当的位置并调整其大小，效果如图 11-120 所示。

步骤 3 选择"文字"工具 T ，在白色矩形上分别输入需要的文字。选择"选择"工具 ▸ ，分别选中文字，在属性栏中选择合适的字体并设置文字大小，文字的效果如图 11-121 所示。

IBSN 968-6-110-1236-9

价格：25.00元

图 11-119   图 11-120   图 11-121

步骤 4 选择"矩形"工具 ▣ ，在适当的位置绘制一个矩形，设置填充色为绿色（其 C、M、Y、K 的值分别为 100、0、100、0），填充图形，并设置描边色为无，效果如图 11-122 所示。选择"文字"工具 T ，在矩形上分别输入需要的白色文字。选择"选择"工具 ▸ ，分别选中文字，在属性栏中分别选择合适的字体并设置文字大小，文字的效果如图 11-123 所示。选中右侧的文字，在"字符"控制面板中将"设置行距"选项 ▲ 设置为 10.8，效果如图 11-124 所示。

步骤 5 取消选取状态。茶叶包装平面图 2 制作完成，效果如图 11-125 所示。选择"文件 > 导出"命令，弹出"导出"对话框，将其命名为"茶叶包装平面图 2"，保存为 TIFF 格式，单击"保存"按钮，弹出"TIFF 选项"对话框，单击"确定"按钮，将图像保存。

图 11-122

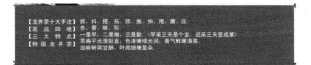

图 11-123

图 11-124

图 11-125

Photoshop 应用

9. 制作正面效果

步骤 1　打开 Photoshop CS3 软件，按<Ctrl>+<N>组合键，新建一个文件：宽度为 29.7cm，高度为 21cm，分辨率为 300 像素/英寸，颜色模式为 RGB，背景内容为白色。选择"渐变"工具 ，单击属性栏中的"点按可编辑渐变"按钮 ，弹出"渐变编辑器"对话框，在"位置"选项中分别输入 0、27、58、100 几个位置点，并分别设置这几个位置点颜色的 RGB 值为：0（103、50、27）、27（201、82、0）、58（255、221、6）、100（254、253、189），如图 11-126 所示，单击"确定"按钮。按住<Shift>键的同时，在图像窗口中由上至下拖曳渐变，效果如图 11-127 所示。

图 11-126

图 11-127

步骤 2　按<Ctrl>+<O>组合键，打开光盘中的"Ch11 > 效果 > 茶叶包装设计 > 茶叶包装平面

图 2"文件，效果如图 11-128 所示。选择"矩形选框"工具 ，在图像窗口中绘制一个矩形选区，如图 11-129 所示。选择"移动"工具 ，拖曳选区中的图像到正在编辑的图像窗口中。在"图层"控制面板中生成新的图层并将其命名为"正面"。按<Ctrl>+<T>组合键，在图像周围出现控制手柄，拖曳鼠标调整图像的大小，按<Enter>键，确认操作，效果如图 11-130 所示。

图 11-128 　　　　　　　　　　图 11-129 　　　　　　　　　　图 11-130

步骤 3 按<Ctrl>+<T>组合键，在图像周围出现控制手柄，按住<Ctrl>键的同时，选中左上方的控制手柄向右拖曳到适当的位置，效果如图 11-131 所示。用相同的方法分别将左下方和右下方的控制手柄拖曳到适当的位置，效果如图 11-132 所示。按<Enter>键，确认操作。

图 11-131 　　　　　　　　　　图 11-132

提示 　按<Ctrl>+<T>组合键，图像周围出现控制手柄，按住<Ctrl>键的同时，分别拖曳 4 个控制手柄，可以使图像任意变形。按住<Alt>键的同时，分别拖曳 4 个控制手柄，可以使图像对称变形。按住<Ctrl>+<Shift>组合键的同时，拖曳变换框中间的控制手柄，可以使图像斜切变形。

步骤 4 单击"图层"控制面板下方的"添加图层样式"按钮 ，在弹出的下拉菜单中选择"斜面和浮雕"命令，并在弹出的对话框中进行设置，如图 11-133 所示，单击"确定"按钮，效果如图 11-134 所示。

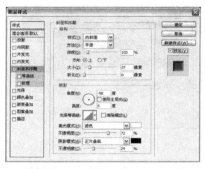

图 11-133 　　　　　　　　　　图 11-134

10. 制作正面倒影效果

步骤 1 将"正面"图层拖曳到控制面板下方的"创建新图层"按钮 上进行复制，生成新的图层"正面 副本"，如图 11-135 所示。选择"移动"工具 ，按住<Shift>键的同时，拖曳复制的图像到适当的位置，效果如图 11-136 所示。

图 11-135 图 11-136

步骤 2 按<Ctrl>+<T>组合键，在复制图像的周围出现变换框，在变换框中单击鼠标右键，并在弹出的快捷菜单中选择"垂直翻转"命令，垂直翻转复制的图像，拖曳图像到适当的位置，效果如图 11-137 所示。在变换框中单击鼠标右键，并在弹出的快捷菜单中选择"斜切"命令，将右侧中间的控制手柄向上拖曳到适当的位置，效果如图 11-138 所示。按<Enter>键，确认操作。

图 11-137 图 11-138

步骤 3 单击"图层"控制面板下方的"添加图层蒙版"按钮 ，为"正面 副本"图层添加蒙版，如图 11-139 所示。选择"渐变"工具 ，单击属性栏中的"点按可编辑渐变"按钮 ，弹出"渐变编辑器"对话框，将渐变色设为从黑色到白色，如图 11-140 所示，单击"确定"按钮。按住<Shift>键的同时，在复制图像上由下至上拖曳渐变，如图 11-141 所示，松开鼠标，效果如图 11-142 所示。

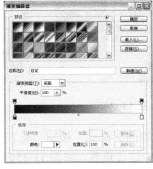
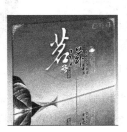

图 11-139 图 11-140 图 11-141 图 11-142

步骤 **4** 在"图层"控制面板中，将"正面 副本"图层拖曳到"正面"图层的下方，如图 11-143 所示，图像窗口中的效果如图 11-144 所示。选中"正面"图层。

图 11-143

图 11-144

11. 制作侧面效果

步骤 **1** 选择"茶叶包装平面图 2"图像窗口，选择"矩形选框"工具，在图像窗口中绘制一个矩形选区，如图 11-145 所示。选择"移动"工具，拖曳选区中的内容到正在编辑的图像窗口中。在"图层"控制面板中生成新的图层并将其命名为"侧面"。按<Ctrl>+<T>组合键，在图像周围出现控制手柄，拖曳鼠标调整图像的大小，按<Enter>键，确认操作，效果如图 11-146 所示。

图 11-145

图 11-146

步骤 **2** 按<Ctrl>+<T>组合键，在图像周围出现控制手柄，按住<Ctrl>键的同时，将左上方的控制手柄向右拖曳到适当的位置，如图 11-147 所示。将左下方的控制手柄向右拖曳到适当的位置，松开鼠标，效果如图 11-148 所示。用相同的方法将右下方的控制手柄向右拖曳到适当的位置，如图 11-149 所示。按<Enter>键，确认操作。

图 11-147

图 11-148

图 11-149

步骤 **3** 单击"图层"控制面板下方的"添加图层样式"按钮，在弹出的下拉菜单中选择"斜面和浮雕"命令，并在弹出的对话框中进行设置，如图 11-150 所示，单击"确定"按钮，效果如图 11-151 所示。

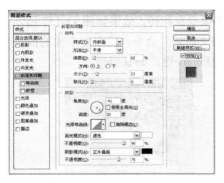

图 11-150　　　　　　　　　　　　　　　图 11-151

步骤 4 单击"图层"控制面板下方的"添加图层样式"按钮 *fx*，在弹出的下拉菜单中选择
"渐变叠加"命令，弹出对话框。单击"渐变"选项右侧的按钮 ，弹出"渐变编辑
器"对话框，将渐变色设为从黑色到白色，在渐变色带上方选中左侧的不透明色标，将"不
透明度"选项设为 50，选中右侧的不透明度色标，将"不透明度"选项设为 0，如图 11-152
所示，单击"确定"按钮。返回到"渐变叠加"对话框中，其他选项的设置如图 11-153 所示，
单击"确定"按钮，效果如图 11-154 所示。

图 11-152　　　　　　　　　　图 11-153　　　　　　　　　　图 11-154

12. 制作侧面倒影效果

步骤 1 将"侧面"图层拖曳到控制面板下方的"创建新图层"按钮 上进行复制，生成新
的图层"侧面 副本"，如图 11-155 所示。选择"移动"工具 ，按住<Shift>键的同时，拖
曳复制的图像到适当的位置，效果如图 11-156 所示。

图 11-155　　　　　　　　　　图 11-156

步骤 2 按<Ctrl>+<T>组合键，图像周围出现变换框，在变换框中单击鼠标右键，在弹出的快捷

中等职业教育数字艺术类规划教材

菜单中选择"垂直翻转"命令，将复制的图像垂直翻转，效果如图 11-157 所示。在变换框中单击鼠标右键，并在弹出的快捷菜单中选择"斜切"命令，将左侧中间的控制手柄向上拖曳到适当的位置，效果如图 11-158 所示。按<Enter>键，确认操作。

图 11-157　　　　　　　　　　图 11-158

步骤 3　单击"图层"控制面板下方的"添加图层蒙版"按钮 ，为"侧面 副本"图层添加蒙版，如图 11-159 所示。选择"渐变"工具 ，单击属性栏中的"编辑渐变"按钮 ，弹出"渐变编辑器"对话框，将渐变色设为从黑色到白色，单击"确定"按钮。按住<Shift>键的同时，在复制图像上由下至上拖曳渐变，如图 11-160 所示，松开鼠标，效果如图 11-161所示。在"图层"控制面板中，将"侧面 副本"图层拖曳到"侧面"图层的下方，如图 11-162所示，图像窗口中的效果如图 11-163 所示。选中"侧面"图层。

图 11-159　　　　　　　图 11-160　　　　　　　图 11-161

图 11-162　　　　　　　　图 11-163

13. 制作顶面效果

步骤 1　选择"茶叶包装平面图 2"图像窗口，并选择"矩形选框"工具 ，在图像窗口中绘制一个矩形选区，如图 11-164 所示。选择"移动"工具 ，拖曳选区中的内容到正在编辑的图像窗口中。在"图层"控制面板中生成新的图层并将其命名为"顶面"。按<Ctrl>+<T>组合键，在图像周围出现控制手柄，拖曳鼠标调整图像的大小，按<Enter>键，确认操作，效果如图 11-165 所示。

图 11-164　　　　　　　　　　　　　　　　图 11-165

步骤 2 按<Ctrl>+<T>组合键，在图像周围出现控制手柄，按住<Ctrl>键的同时，将左上方的控制手柄向左拖曳到适当的位置，效果如图 11-166 所示。将右下方的控制手柄向右拖曳到适当的位置，如图 11-167 所示。将右上方的控制手柄向左拖曳到适当的位置，效果如图 11-168 所示。按<Enter>键，确认操作。

图 11-166　　　　　　　　图 11-167　　　　　　　　图 11-168

步骤 3 单击"图层"控制面板下方的"添加图层样式"按钮 ，在弹出的下拉菜单中选择"斜面和浮雕"命令，并在弹出的对话框中进行设置，如图 11-169 所示，单击"确定"按钮，效果如图 11-170 所示。

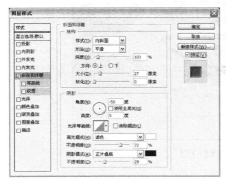

图 11-169　　　　　　　　　　　　　　图 11-170

步骤 4 按住<Shift>键的同时，选中"顶面"图层和"正面 副本"图层之间所有的图层，按<Ctrl>+<G>组合键，将其编组。在"图层"控制面板中生成新的图层组并将其命名为"展示效果"，如图 11-171 所示。将"展示效果"图层组拖曳到控制面板下方的"创建新图层"按钮 上进行复制，生成新的图层"展示效果 副本"。选择"移动"工具 ，在图像窗口中将复制的图像拖曳到适当的位置并调整其大小，效果如图 11-172 所示。

图 11-171   图 11-172

步骤 5 茶叶包装展示效果制作完成。选择"图像 > 模式 > CMYK 颜色"命令，弹出提示对话框，单击"拼合"按钮，拼合图像。按<Ctrl>+<S>组合键，弹出"存储为"对话框，将其命名为"茶叶包装展示效果"，保存为 TIFF 格式，单击"保存"按钮，弹出"TIFF 选项"对话框，单击"确定"按钮，将图像保存。

11.2 综合演练——MP3 包装盒设计

在 Photoshop 中，使用钢笔工具绘制装饰线条。使用投影命令制作图片的投影效果。使用变换命令制作图片的展示效果。在 Illustrator 中，使用参考线分割页面。使用矩形工具、添加锚点工具和路径查找器控制面板制作包装结构图。使用椭圆工具、描边面板和文字工具添加介绍性文字。使用符号库面板为宣传文字添加装饰符号。（最终效果参看光盘中的"Ch11 > 效果 > MP3 包装盒设计 > MP3 包装盒"，如图 11-173 所示。）

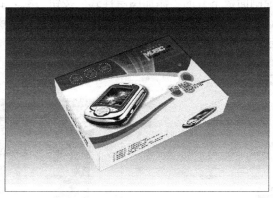

图 11-173

11.3 综合演练——手机手提袋设计

　　在 Photoshop 中，使用添加图层蒙版命令制作手提袋的渐变效果。使用变换命令制作手提袋各面的立体效果。使用椭圆选框工具、钢笔工具和添加图层样式命令制作提绳和提环效果。在 Illustrator 中，使用置入命令、旋转工具和透明度面板制作产品效果。使用椭圆工具和混合工具制作出装饰圆形。（最终效果参看光盘中的"Ch11 > 效果 > 手机手提袋设计 > 手机手提袋"，如图 11-174 所示。）

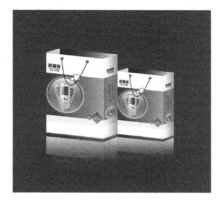

图 11-174